隐性知识流转网的成员合作机制研究

张宝生 著

科学出版社
北 京

内 容 简 介

知识网络内部隐性知识流转是成员之间知识、技能、思维模式、经验技巧、认知等交流共享的过程，合作是隐性知识流转网的功能实现和顺利运行的基础。本书对隐性知识流转网的成员合作问题展开研究。主要包括：隐性知识流转网的内涵和组织形式，其成员合作的特点、类型、基本内容和合作意愿，以及网络结构特征对成员合作的影响。在此基础上，分析隐性知识流转网成员合作行为策略选择、合作过程中的知识融合机理、成员错时空合作的知识损失现象和错时空合作的行为策略、成员间的合作共生关系、知识溢出现象、合作周期过程等内容，提出促进成员合作的优化策略。

本书内容有一定的专业度和传播性，可供跨学科科研团队、产业创新联盟、创新研究群体、虚拟团队、协同创新体系等团队和组织的管理者和团队成员，以及知识管理、科技管理、创新管理等领域的专家学者、博士和硕士研究生等阅读。

图书在版编目（CIP）数据

隐性知识流转网的成员合作机制研究/张宝生著. —北京：科学出版社，2023.2

ISBN 978-7-03-071609-5

Ⅰ. ①隐…　Ⅱ. ①张…　Ⅲ. ①知识管理－资源共享　Ⅳ. ①G302

中国版本图书馆 CIP 数据核字（2022）第 031914 号

责任编辑：邓　娴 / 责任校对：贾娜娜
责任印制：张　伟 / 封面设计：无极书装

科 学 出 版 社 出版
北京东黄城根北街 16 号
邮政编码：100717
http://www.sciencep.com
北京虎彩文化传播有限公司 印刷
科学出版社发行　各地新华书店经销

*

2023 年 2 月第　一　版　开本：720 × 1000　1/16
2023 年 2 月第一次印刷　印张：8 3/4
字数：180 000

定价：88.00 元

（如有印装质量问题，我社负责调换）

前　言

知识经济时代科技发展迅速，复杂科研问题已具有综合性和集成性的特点，需要进行多维度的构建，重大科技成就的取得已从个体为主的研究方式逐步向互助合作方式转变，利用不同知识资源合作创新的网络型组织结构成为解决科学问题的重要组织形式。根据社会网络理论，无论显性知识还是隐性知识的流转，其运动过程都发生在网络环境中，只是具体流转路径和渠道不同。在大科学时代和集成创新背景下，动态、柔性、扁平的网络型组织结构被知识型组织广泛采用，而在知识网络中具有核心竞争优势的隐性知识合作被凸显和重视起来，逐渐成为知识网络的重要功能，进而在学术界被称为隐性知识流转网。知识组织由于科研项目攻关、解决生产问题、破解知识难题等知识需求而需要成员间的知识合作，同时成员相互联系、相互协同而构建的网络型组织也存在着合作。合作贯穿于知识网络动态演化的始终，在隐性知识合作的需求形成的隐性知识流转网中，成员合作更为突出。

本书对隐性知识流转网的成员合作问题展开研究，主要研究内容包括以下几个方面：一是界定隐性知识流转网的内涵和组织形式，以及其成员合作的内涵、特点、类型和基本内容。二是运用扎根理论分析隐性知识流转网成员合作意愿的影响因素，提出合作收益、合作成本、合作风险和合作环境四个主范畴对成员合作意愿存在显著影响的结论，并探讨成员合作意愿的动力机制、调节机制、阻碍机制及保障机制。三是分析网络规模、网络聚类、网络度分布、中心度和结构洞等网络结构特征对成员合作的影响，以此作为研究的理论基础。

在此基础上，本书分析隐性知识流转网成员合作行为策略选择。从知识转移和合作创新的预期收益函数入手，通过对几种行为收益的综合分析，并考虑到风险因素，讨论在不同情况下成员要素投入的最佳策略。分析得出在成员合作的条件下，网络内节点为了提高自身的知识存量，将时间、精力、经费等投入要素在知识转移、合作创新、自主学习和自主创新等不同的行为上进行合理的分配以获取最大的知识增量。

以耗散结构理论为工具，本书分析隐性知识流转网成员合作过程中的知识融合机理，分析知识融合过程中存在的熵减机制、学科互补机制、耦合机制及触发机制，构建知识融合的耗散结构演化模型，提出知识融合管理策略。运用种群生态模型对成员错时空合作的知识损失进行描述和解释，分析知识损失和情境依赖性、知识共振性以及媒介还原性的关系，提出减少成员合作知识损失的对策。

本书运用演化博弈理论对隐性知识流转网成员错时空合作的行为策略进行分析，并基于数值仿真对演化模型进行推演，提出促进成员错时空合作的对策建议。在错时空情境下，成员合作的行为策略与合作创新收益、知识共享水平、媒介还原性等因素有关，网络平台的激励机制和声誉机制可以有效引导成员行为。

本书还运用种群生态学的共生理论分析成员间的合作共生关系和共生模式，运用 Logistic 模型描述成员知识量的增长规律和演化过程，推演演化均衡点和稳定条件。互惠共生是成员合作的最优模式，成员共生演化稳定状态的知识量与成员共生系数和最大知识规模相关，知识自然增长率和初始知识规模影响成员知识增长速度和路径。成员共生系数受到合作效应和竞争效应两方面的影响，成员的知识贡献程度、价值共创水平及知识还原程度对成员双方共生演化稳定状态的知识量有积极正向的作用，竞争因素抑制了成员知识量的增长。

根据知识水平和网络地位，我们将网络内节点分为核心节点和非核心节点两种类型。核心节点在网络内的知识溢出称为正向知识溢出，非核心节点为核心节点提供贴近应用前沿的知识，被称为反向知识溢出，我们运用系统动力学模型分析核心节点和非核心节点的知识溢出与知识合作。

本书系统地讨论隐性知识流转网成员合作的周期性过程，分析成员合作周期的规律。将成员合作的持续过程划分为五个阶段，在连贯的体系中提炼出成员合作的类型，总结不同阶段所表现出来的共性，分析成员合作各阶段的特征，以实施主体、外部条件及行为成效三个维度提取合作特征因素。基于贴近度的分类分析法提出成员合作阶段的判定方法，对成员合作各阶段提出对策建议。

从网络结构优化、网络环境优化和利益分配优化策略三个方面入手，本书提出了促进成员合作的隐性知识流转网的优化策略。利益分配问题对网络中持续、有效的成员合作至关重要，本书根据行为属性将成员合作分为知识流转和合作创新两个方面，基于成员贡献构建了成员合作的利益分配机制。

本书有利于提高跨学科科研团队、产业创新联盟、创新研究群体、虚拟团队、协同创新体系等具有隐性知识流转网性质的知识组织成员合作层次和水平，促进组织的知识共享和协作创新。

本书受国家自然科学基金项目“网络型知识组织成员错时空的隐性知识合作机制及其实现研究”（71702039）；教育部人文社会科学研究一般项目“隐性知识流转网的成员合作机制及网络结构优化研究”（16YJC870019）资助。

张宝生
2022 年 5 月

目　　录

第 1 章　隐性知识流转网成员合作的研究背景和研究框架

1.1　研究的背景和意义

1.1.1　研究的背景

知识主体相互联系、相互作用构成了知识网络。知识网络是知识主体、资源和它们之间的关系，共同推动知识的共享和利用；通过知识的流动和知识创造，促进知识的增值和创新[1]。组建知识网络的出发点是合作与共享，达到知识互补、资源共享、整合优势力量的目的，在知识网络形成和延展过程中，隐性知识经过不断流动与转化，从而使网络内部隐性知识流转实现良性循环。知识组织由于科研项目攻关、解决生产问题、破解知识难题等知识需求而需要成员间的知识合作，同时成员相互联系、相互协同而构建的网络型组织也存在着合作。在隐性知识合作的需求形成的隐性知识流转网中，成员合作更为突出，成员合作逐渐发展成一种交互常态，这使网络组织的知识管理涌现出很多新课题。对于网络组织成员行为的研究通常是运用博弈论、最优化等相关理论从成员合作或者不合作、共享知识或者不共享知识入手，基本上是对立面的行为，缺乏从合作、共享角度对成员行为及相关机制的探讨，本书的研究将目光聚焦在网络内部动态的隐性知识管理活动中，对成员合作前提下的相关问题进行研究，进一步补充完善知识管理相关理论。

1.1.2　研究的意义

知识网络内部隐性知识流转是成员之间知识、技能、思维模式、经验技巧、认知等交流共享的过程，合作是隐性知识流转网的功能实现和顺利运行的基础，研究成员的合作问题具有重要的理论和应用价值。通过对隐性知识流转网成员合作机制的研究，有助于掌握网络中隐性知识流转和成员合作的基本规律与机理，并采取有效的措施和方式加强网络中的成员合作，有效提高成员间的合作水平和合作层次，提高成员合作效率，进而促进网络内的知识流转，增加网络内的知识流量和知识存量，使隐性知识转化为生产力，成为得到持续竞争优势的基础，提高网络整体和各节点的核心竞争力。研究成果将广泛应用于具有知识网络性质的跨学科科研团队、产业创新联盟、创新研究群体、虚拟团队、协同创新体系等团队和组织。

1.2 国内外研究现状及分析

1.2.1 国内外研究现状

知识经济时代，随着知识成为组织的核心竞争力，知识管理理论不断丰富，知识管理实践活动活跃地开展。知识是结构性经验、价值观念、关联信息及专家见识的流动组合[2]。Polanyi 最先将知识分为显性知识和隐性知识。显性知识能够以规范化的语言传递、转移；隐性知识指隐含在知识主体内并与具体情景相关的知识[3]。Nonaka 和 Takeuchi 认为隐性知识具有高度个人化、难以规范化的特征，难以传播[4]。Nonaka 等指出隐性知识不仅是个人经验，还包括价值观念、认知方式、思维模式等方面[5]。Collins 按隐性知识的载体将隐性知识分为个体根植型、个体认知型、组织根植型和组织文化型四个类别[6]。Kogut 和 Zander 认为隐性知识具有难编纂、难教诲的特点，在组织内部的流转是复杂的[7]。知识具有“波粒二象性”，即作为实体的知识和作为过程的知识。在对知识进行分类、组织及测度时，知识具有实体性质；在对知识进行整合、创造、应用时，知识具有过程的性质，知识的二象性使知识具有动态流转的本质特征[8]。Teece 首先提出了知识转移的概念[9]，指知识通过各种机制在不同个体或组织间传播[10]。Boisot 认为知识流转包含知识扩散、知识吸收、知识扫描和问题解决四个阶段[11]。Hai 将知识流转理解为知识在各主体间流动的过程和知识处理的机制，主体、内容和方向是其三个主要影响因素[12]。隐性知识的以上特征决定了隐性知识的流转必须要求知识主体的合作。

知识的流转涉及知识主体和主体间的关系，节点和关系可以构建成知识网络。美国国家科学基金会（National Science Foundation，NSF）认为知识网络是一个能够提供知识和信息的社会网络[13]。综合目前学者的观点，知识网络是知识主体和主体间的关系，这种关系构成了抽象的网络结构，为知识流转和新知识的利用提供了实体平台。从静态的角度来看，知识网络是一种结构，由节点（团队成员作为知识主体）和边（成员之间的关系）构成；从动态的角度来看，知识网络是一个过程、一种工作系统，知识在网络中流动、传递；从目的角度来看，知识网络是一种功能，实现知识共享和利用，促进知识创新。单伟等提出了隐性知识流转网的概念，从社会网络相关理论视角提出无论显性知识还是隐性知识，它们的流转活动都可理解为在网络环境中，只是流转的具体路径和渠道的差别。显性知识具有能够被编码、记录的信息性质，可以通过实体载体和信息网络传播；而高度个人化的隐性知识难以编码化，因此成员间的合作是隐性知识流转的重要条件[14]。布克威茨和威廉斯认为隐性知识很难以信息的形式通过数据库进行流转，需要的是人际关系，即成员间的交流和合作，“感性的”知识必须以“感性的”途径才能得以流动[15]。一个社会网络至少包含成员、成员间关系、成员间连接途径三个要素[16]。Hansen 提出隐性知识流转应使节点具有强连接的关系[17]。马费成和王晓光指出网络的不同层次产生不同的情境，成员在其中的定位和角色存在差异，这种差异影响着隐性知识流转的效果[18]。Nonaka 等提出了著名的 SECI（socialization，externalization，combination，internalization）模型，即知识流动与转化经过社会化、外部化、综合化、内部化四个阶段的循环模式[19]。张庆普和李志超设计了一个企业隐性知识流动与转化模型[20]。Hedlund 基于个体、群体、组织及组织间的互动，描述了隐性知识在各主体间的流转关系[21]。项目涉及的知识网络相关内容还包括 Burt 提出的嵌入性理论及结构洞概念[22]，Granovetter 提出的强弱关系理论[23]，以及社会网络的结构、小世界复杂网络模型等内容。

关于隐性知识流转中的成员合作，已有学者做了相关研究。王智生等探讨了合作网络中合作成员间的信任与知识分享的协同关系，以及二者协同演化对合作创新发展的作用机理[24]。Szulanski 认为成员吸收能力、关系纽带、动机与信任，以及学习意愿对隐性知识流转起到关键作用[25]。Bettenhausen 和 Murnighan 提出了群体合作规范的概念，指出当成员遵循的规则和成员间关系地位接近时能够形成群体互动，这能够促进成员合作和组织协调[26]。邹波等从个体行为与网络结构的互动方面对成员行为、网络中心性与个体吸收能力的内在关系进行了研究，阐明了成员个体在构建派系结构过程中的能动性及派系结构对成员吸收能力的影响[27]。南旭光基于知识获取性视角提出知识转化途径的概念性模型，在成员意愿性或非意愿性合作的基础上，区分了知识转移和知识溢出模式，提出了个体之间、组织之间、区域之间三个层面的知识流转[28]。曹征和孙虹借鉴共生理论就主体均势和主体非均势隐性知识流转之间的博弈关系进行论证，讨论了隐性知识流转的稳定性[29]。王磊等运用博弈理论分析了高校科研团队成员合作的利益分配问题[30]。万君和顾新通过建立知识网络合作博弈模型和实证分析对知识网络组织成员的合作效率进行了研究，指出成员间的关系强度、信任机制和惩罚机制以及网络环境是影响网络成员合作效率的关键因素[31, 32]。卢福财和胡平波分析了网络组织成员之间竞争与合作关系对成员之间知识共享中的知识溢出效应影响的机理[33]。张乐等分析了成员在网络组织间隐性知识流转中的主体作用，以北京师范大学组织间隐性知识流转网的实证数据为例，对该网络的结构及特征进行测度和分析，分析了正式和非正式交流渠道对隐性知识流转的不同作用[34]。

1.2.2 文献综合述评

综上所述，国内外学者对隐性知识流动与转化过程中的一些问题进行了有意义的探索研究，并将社会网络分析法广泛应用于隐性知识管理领域，用以反映知识主体间的隐性知识活动关系，这些研究对规范隐性知识管理理论框架起到重要的作用。从研究视角上来看，相关学者主要从信息科学、行为科学、认知科学等维度切入，信息科学角度聚焦于技术层面，核心是实现隐性知识编码显性化，以期在技术上实现流转；行为科学角度聚焦于个体行为及组织行为，核心是隐性知识流转的行为动机、影响因素、激励机制等；认知科学角度聚焦于知识主体的思维模式和组织学习，核心是从隐性知识主体思维认知的交互机理、学习能力等方面考虑构建学习型组织。目前隐性知识流转相关研究对成员合作涉及较少、关注度较低，从成员合作视角对隐性知识流转进行研究的较少，隐性知识的性质决定了成员合作是其流转层次和效率的关键因素，因此相关研究就显得尤为重要，对隐性知识流转成员合作机制和规律的研究亟待突破。将隐性知识流转置于社会网络结构之中，统筹考虑网络环境的制约和成员的能动性，研究成员的合作机制及其实现方式。本书的研究有利于提高跨学科科研团队、产业创新联盟、创新研究群体、虚拟团队、协同创新体系等具有知识网络性质组织的成员合作层次和水平，促进组织的知识共享和协作创新。

1.3 知识网络研究的热点主题

为了更好地把握隐性知识流转网的相关研究主题和研究脉络，下面对知识网络研究主题进行梳理和分析。

1.3.1 数据收集和处理

以中国知网文献数据库中的《中文社会科学引文索引》(Chinese Social Sciences Citation Index，CSSCI）上的文献为数据源，采用中国知网中提供的高级检索功能，将检索条件设置为：主题 = “知识网络”，检索条件 = “精确”，时间设定 = “不限-2021 年”，期刊来源类别 = “CSSCI”，检索后删除不相关文献，得到有效文献 896 篇，并将这些文献以“Refworks”的格式导出保存，操作时间为 2022 年 1 月 4 日。对从中国知网导出的有效文献进行初步处理，对文献数据进行格式转换，将其转换成 CiteSpace 软件所要求的格式，并选择相关操作模块进行分析。

1.3.2　高被引文献和高发文量期刊分析

以被引用次数对知识网络主题的相关文献进行排序，列出前 15 篇文献，如表 1-1 所示。发表于《科研管理》的论文《小企业集群创新网络的知识溢出效应分析》被引次数最多，排名第 2 位和第 3 位的论文为《企业协同创新网络特征与创新绩效：基于知识吸收能力的中介效应研究》和《知识网络双重嵌入、知识整合与集群企业创新能力》。

表 1-1　知识网络研究主题高被引文献

排名	文献题目	被引次数	总下载量/次	期刊来源
1	《小企业集群创新网络的知识溢出效应分析》	510	4 201	《科研管理》
2	《企业协同创新网络特征与创新绩效：基于知识吸收能力的中介效应研究》	427	15 228	《南开管理评论》
3	《知识网络双重嵌入、知识整合与集群企业创新能力》	290	8 436	《管理科学学报》
4	《知识转移的社会网络模型分析》	228	3 099	《江西社会科学》
5	《网络关系、信任与知识共享对技术创新绩效的影响研究》	174	3 643	《科研与发展管理》
6	《知识网络的构建过程分析》	171	1 938	《科学学研究》
7	《网络关系与知识共享：社会网络视角分析》	165	3 342	《情报杂志》
8	《组织知识系统的知识超网络模型及应用》	151	2 915	《管理科学学报》
9	《知识网络与集群企业创新绩效——浙江黄岩模具产业集群的实证研究》	141	2 005	《科学学研究》
10	《产业集群条件下知识供应链与知识网络的动力学模型探讨》	138	1 884	《科学学与科学技术管理》
11	《中国城市尺度科学知识网络与技术知识网络结构的时空复杂性》	130	2 558	《地理研究》
12	《整合技术的学科教学知识网络——信息时代教师知识新框架》	123	2 775	《中国电化教育》
13	《产学研合作创新网络、知识整合和技术创新的关系研究》	121	2 415	《软科学》
14	《论知识网络的结构》	121	1 553	《图书情报工作》
15	《团队成员网络中心性、网络信任对知识转移成效的影响研究》	119	1 689	《科学学研究》

对知识网络研究的期刊发文量进行统计，发文量排名前 20 的期刊如表 1-2 所示，可以看出相关期刊主要集中在科技管理、图书情报、知识管理以及工商管理领域。

表 1-2 知识网络研究高发文量期刊

序号	期刊	发文量	序号	期刊	发文量
1	《科技进步与对策》	82	11	《研究与发展管理》	17
2	《情报科学》	71	12	《管理学报》	16
3	《情报杂志》	64	13	《软科学》	15
4	《情报理论与实践》	59	14	《图书馆学研究》	15
5	《科技管理研究》	57	15	《中国科技论坛》	13
6	《科学学研究》	44	16	《管理评论》	11
7	《图书情报工作》	42	17	《技术经济》	10
8	《科研管理》	30	18	《统计与决策》	10
9	《情报学报》	26	19	《图书情报知识》	10
10	《现代情报》	17	20	《南开管理评论》	10

1.3.3 高频关键词

统计论文关键词出现的频数，根据频数进行排序，前 20 位高频关键词如表 1-3 所示。除主题词“知识网络”外，“知识共享”“知识转移”“社会网络”“知识流动”“知识管理”为前 5 位高频关键词。

表 1-3 知识网络研究高频关键词

序号	关键词	频数	首次出现年份	序号	关键词	频数	首次出现年份
1	知识网络	281	2001	11	创新绩效	23	2008
2	知识共享	140	2006	12	隐性知识	22	2005
3	知识转移	122	2006	13	复杂网络	21	2009
4	社会网络	76	2004	14	影响因素	19	2006
5	知识流动	51	2005	15	知识整合	17	2004
6	知识管理	42	2002	16	知识创新	12	2006
7	创新网络	35	2006	17	知识交流	11	2010
8	知识扩散	35	2003	18	合作网络	10	2011
9	产业集群	33	2004	19	结构洞	10	2012
10	网络结构	32	2007	20	关系强度	10	2009

1.3.4　研究主题聚类分析

在 CiteSpace 软件中按照实际需求设置相关参数，主要参数设置情况如下：时间跨度（Time Slicing）：1999～2021 年，单个时间分区（Years Per Slice）：1 年；阈值调节属性选取 Top N：50；聚类节点属性（Node Phrases）在分析中按照实际需求选择；可视化形式：展示整个网络（Show Merged Network）和聚类静态（Cluster View-static）；其他参数采用系统默认值。同时为了使 CiteSpace 软件分析产生的图谱网络清晰简洁、利于阅读分析，选取了最小生成树（minimum spanning tree）算法和修剪切片网（pruning sliced networks）策略。聚类分析结果如图 1-1 所示。

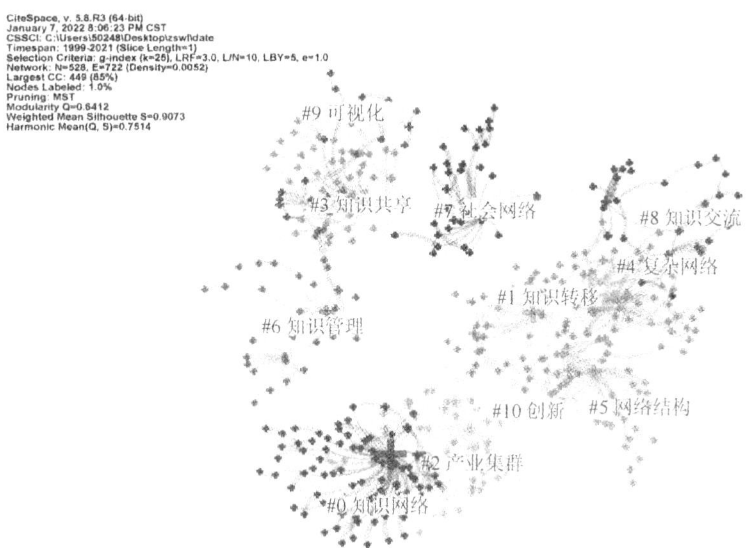

图 1-1　知识网络研究主题聚类图谱

从图 1-1 可知，对知识网络研究相关关键词进行聚类分析，可以得到 11 个聚类，根据类别的相关属性可以划分为七个研究主题。

研究主题一是知识网络形式相关研究。主要包括聚类“#0 知识网络”、聚类“#4 复杂网络”和聚类“#7 社会网络”。相关关键词主要包括：网络组织、合作网络、超网络、关系网络、社交网络、创新网络、技术网络、层次网络、创新生态系统、动态联盟、虚拟团队、研发团队、技术联盟、网络社区、问答社区、内部网络、学科网络、人际网络等。

研究主题二是知识合作形式相关研究（除创新外）。主要包括聚类“#1 知识转移”、聚类“#3 知识共享”和聚类“#8 知识交流”。相关关键词主要包括：知识流动、知识扩散、知识溢出、知识整合、知识学习、组织学习、学术交流、知识交易、知识传递、知识传播、知识转化、产学合作、团队合作、共享模式等。

研究主题三是知识合作创新相关研究。主要为聚类“#10 创新”。相关关键词主要包括：协同创新、合作创新、知识创造、创新绩效、创新能力、知识创新、技术创新、产品创新、创新管理、创新机制、创新搜寻、创新主体、创新组织、价值创造、价值共创等。

研究主题四是知识管理内容相关研究。主要为聚类“#6 知识管理”。相关关键词主要包括：隐性知识、显性知识、关联知识、领域知识、学科知识、知识价值、知识发现、知识治理、网络治理、关系治理、任务协调、信息服务、双元学习能力、动态能力、吸收能力、协同能力、创造力、知识流、信任机制、学习机制、动力机制、信息行为、信息管理、传输模式、效率评价、合作效率、知识存量、组织惯例、互惠规范等。

研究主题五是知识网络结构相关研究。主要为聚类“#5 网络结构”。相关关键词主要包括：结构洞、关系强度、中心性、中心势、嵌入性、知识节点、个体属性、网络密度、演化博弈、社会资本、网络环境、知识关联、关联强度、耗散结构、知识元、知识链、多维嵌入、关系嵌入、双重嵌入、知识地图、小世界、区块链、无标度、关系特征、网络演化、网络能力、知识权力、幂律分布、层次结构、拓扑结构、凝聚子群等。

研究主题六是企业和产业相关研究。主要为聚类“#2 产业集群”。相关关键词主要包括：企业集群、产业集聚、产业联盟、创业企业、企业网络、企业社区、商业网络、生命周期、创意产业、信息产业、产学合作、企业共生等。

研究主题七是文献计量相关研究。主要为聚类“#9 可视化”。相关关键词主要包括：引文网络、文献计量、共词网络、共词分析、专利引用、知识图谱、专利引文、互引网络、引文内容、知网节点、合著网络、作者互引、共现分析等。

本书研究主要涉及研究主题一“知识网络形式”，关键词为“隐性知识流转网”；研究主题二“知识合作形式”和研究主题三“知识合作创新”，关键词为“成员知识合作”；研究主题四“知识管理内容”，关键词为“合作机制”；研究主题五“知识网络结构”，关键词为“网络结构优化”。

1.3.5　关键词突变分析

运用 CiteSpace 软件的突变词探测技术探测知识网络领域中的研究趋势，得到知识网络研究的突变词如图 1-2 所示。

1999～2021年排名前3的突变关键词

突变关键词	统计初始年份	突变强度	突变开始年份	突变终止年份	1999～2021年
知识管理	1999	6	2002	2008	
知识转移	1999	3.89	2006	2008	
网络组织	1999	4.27	2007	2009	

图 1-2　知识网络研究突变词探测

从图 1-2 中可以看出，“知识管理”关键词从 2002 年开始使用频次猛然增加，突变强度为 6，成为研究热点；“知识转移”从 2006 年开始成为研究热点，突变强度为 3.89；“网络组织”从 2007 年开始成为研究热点，突变强度为 4.27。随着相关领域的研究不断拓展，研究主题不断深化，本书以“隐性知识流转网”为研究主题，深入研究其成员合作机制，是具有一定新意和创新性的。

1.4　隐性知识流转网成员合作的研究内容框架和研究方法

1.4.1　研究内容框架

（1）隐性知识流转网的成员合作研究框架分析。本书在总结国内外相关研究成果的基础上，首先分析隐性知识流转网的内涵、特征以及在隐性知识流转网中的知识转移、整合及合作创新等成员合作行为，界定相关概念及研究范畴。成员合作的起点是成员合作的意愿，由意愿产生行为。运用扎根理论对隐性知识流转网成员合作意愿影响因素进行研究。探讨了隐性知识流转网的结构特征，分析了网络结构与成员合作的关系。为深入研究隐性知识流转网的成员合作问题奠定基础。

（2）隐性知识流转网的成员合作行为策略选择研究。在成员合作的条件下，网络内节点为了提高自身的知识存量，将时间、精力、经费等投入要素在知识转移、合作创新、自主学习和自主创新等不同的行为上进行合理的分配以获取最大的知识增量。从知识转移和合作创新的预期收益函数入手，通过对几种行为收益的综合分析，并考虑到风险因素，利用收益和风险的衡量综合考虑行为策略，讨论在不同情况下成员要素投入的最佳策略。

（3）隐性知识流转网成员合作过程中的知识融合和知识损失。隐性知识流转网具有成员隐性知识学习和知识创造两个核心功能。知识创造过程中的关键要素是成员间的知识融合，知识融合是合作创新的触发点，基于耗散结构理论分析隐性知识流转网的知识融合机理。隐性知识流转网成员合作的复杂性和隐性知识的默会性使知识学习过程存在不可避免的知识损失，我们对隐性知识流转网成员合作的知识损失模型进行研究，并提出减轻知识损失的对策建议。

（4）隐性知识流转网成员错时空合作的演化博弈研究。网络通信技术的跨越式发展拓展了科研合作的物理边界和合作模式，在具有隐性知识流转功能的网络型结构组织中，成员跨越时间和空间的合作已成为常态。本书运用演化博弈理论对隐性知识流转网成员错时空合作的行为策略进行分析，并基于数值仿真对演化模型进行了推演，提出促进成员错时空合作的对策建议。

（5）隐性知识流转网成员合作的共生关系和演化模型研究。隐性知识流转网成员相互依存、彼此合作，构成了复杂的共生生态系统。本书运用种群生态学的共生理论分析了成员间的合作共生关系和共生模式，运用 Logistic 模型描述成员知识量的增长规律和演化过程，推演演化均衡点和稳定条件，并进行模拟仿真分析。为隐性知识流转网形成健康、稳定的成员共生关系提供指导。

（6）隐性知识流转网不同节点类型知识合作的系统动力学研究。建立系统动力学模型对核心节点和非核心节点的知识溢出进行模拟仿真，绘制因果关系图，通过调整可控变量的开放程度观察变量对参与要素的影响，重点讨论了非核心节点的反向知识溢出现象。针对分析结果提出了促进核心节点和非核心节点知识合作的建议。

（7）隐性知识流转网成员合作周期划分与判定。以成员合作为研究对象，结合组织的生命周期理论，可以将隐性知识流转网成员合作周期划分为试探期、行动期、发展期、稳定期、惰化期五个阶段，进而系统性地研究成员合作的持续性过程，将各种类型的成员合作整合到连贯的体系中，并对各个阶段进行判断，打开成员合作过程的黑箱。基于贴近度的分类分析法提出成员合作阶段的判定方法，对成员合作各阶段提出了对策建议。

（8）有利于成员合作的隐性知识流转网的优化策略。分别从网络结构优化、网络环境优化和利益分配优化策略三个方面入手，提出促进成员合作的隐性知识流转网的优化策略。网络环境优化策略包括搭建合作平台、建立信任机制、培育合作文化、构建激励机制等方面。基于成员贡献构建成员合作的利益分配机制，通过网络优化提高成员合作水平和合作效率。

1.4.2　研究方法

本书以系统工程的思路作为整体研究思路，采取文献挖掘和实践调研相结合、定性分析和定量分析相结合、规范研究和实证研究相结合等研究方法。

（1）文献挖掘和实践调研相结合。对知识网络、成员合作、知识管理方面的文献资料进行全面的整理、系统的梳理和深入的挖掘，以把握目前相关研究的基本情况和前沿问题。在全国范围内对典型的虚拟科技创新团队、协同创新体系、创新研究群体、知识战略联盟等具有网络组织特性的知识主体进行调研，以了解实践活动中成员合作的实际情况、基本规律和存在的问题。在此基础上运用理论和实践的对比分析、扎根理论等方法得出基本观点并建立理论模型。

（2）定性分析和定量分析相结合。通过理论研究和经验总结，基于社会网络理论工具、组织行为学、种群生态学等理论观点进行定性分析，建立理论模型。通过定量分析，基于博弈论、评价理论、系统动力学、多元统计分析等方法，以 SPSS、MATLAB、Python、Vensim PLE 等工具进行数理分析，对理论观点进行分析验证，理论指导和数据支持相结合。

（3）规范研究和实证研究相结合。通过经济学、心理学、行为学、社会学等一般理论分析知识网络内部成员合作的现象，并做出科学解释；同时通过对网络组织及成员进行实地调研、问卷调查、访谈等形式收集案例和数据，并进行综合分析和考察，进行重点案例分析，即从网络组织的实际出发研究、解决问题。

第 2 章　隐性知识流转网成员合作的研究基础

2.1　隐性知识流转网的内涵和组织形式

2.1.1　隐性知识流转网的内涵

在社会网络视角下，将成员作为节点，成员之间的关系视为边，则跨学科科研团队、产业创新联盟、创新研究群体、虚拟团队、协同创新体系等知识型组织都可以抽象为知识网络，隐性知识流转网是指以隐性知识为核心资源进行知识流转和合作创新的网络型结构组织，是相互联系的知识节点间进行隐性知识流动、共享及合作创新的抽象载体。

2.1.2　隐性知识流转网的组织形式

在社会网络视角下，将成员作为节点，成员之间的关系视为边，以隐性知识为交互客体，很多知识型组织都可以抽象为隐性知识流转网。下面介绍几种具有隐性知识流转网特征的典型的组织形式。

1. 创新研究群体

创新研究群体是面向前沿技术，以科学研究和技术开发为主要任务，围绕着各类重大科研项目进行创新活动的知识型队伍，群体带头人一般是高水平的学术专家，群体成员是学术目标相近、关键技能互补、来自不同领域的高层次知识分子。群体间高度信任的紧密型知识合作即实现了隐性知识在群体内部的流转。

2. 跨学科科研团队

跨学科科研团队是以复杂性科学任务和技术问题为纽带、以汇聚不同学科知识资源为优势、以组织成员合作为表象、以学科知识整合和认知思维融合为本质，实现科学研究和知识创新目标的开放性组织。不同学科成员的学科知识合作具有隐性知识流转的功能。

3. 虚拟科技创新团队

虚拟科技创新团队是基于科技创新性任务，具有共同目标、优势互补、资源共享特征，利用电子信息技术，跨越时间、空间和组织边界的障碍，面向重大机遇整合优势力量的科研组织[35]。虚拟科技创新团队最大的优势是通过现代信息技术实现成员间的错时空交流，其具有明显的隐性知识流转网特征，在协同创新活动中显示出独特的组织优势。

4. 产业技术创新联盟

产业技术创新联盟是面向产业发展的关键问题和技术需求，以提升产业技术创新能力为目标，以企业为主体，以具有法律约束力的契约为保障，运用市场机制集聚创新资源，将企业、大学和科研机构等在战略层面有效结合，围绕产业发展的核心技术开展技术合作的组织形式。联盟内的知识产权共享、公共技术平台、技术转移以及科技成果的商业化运用具有隐性知识合作的性质。

5. 知识战略联盟

知识战略联盟是两个或两个以上的知识型组织（包括企业、科研机构、高校等）为了达到共同的战略目标而采取的优势互补、分工协作、风险共担、利益共享的松散式网络化合作组织，有利于充分发挥知识资源价值，分为技术创新型和学习型两类。将联盟成员视为知识节点，基于交换互补性隐性知识资源基础的联合行动具备了隐性知识流转网的属性。

6. 协同创新体系

协同创新体系是为了实现重大创新目标，集结政府、企业、研究机构、高校、中介组织等创新主体，大跨度整合创新资源，实现创新资源的有效分工与合理衔接，协同发挥各自优势并展开创新活动的平台和组织模式，它是实施国家技术创新工程的重要载体。将创新主体视为节点，隐性知识作为核心创新资源进行协同创新活动时，整合资源的平台即可视为隐性知识流转网。

2.2 隐性知识流转网成员合作的内涵、特点、类型和内容

2.2.1 隐性知识流转网成员合作的内涵

将隐性知识流转网的成员合作概念界定为：以网络型知识组织（虚拟科研创新团队、创新研究群体、跨学科科研团队、协同创新体系及知识战略联盟等）为合作边界，以知识节点（成员）为参与主体，以隐性知识的互通有无、交流学习、配合协同以及合作创新为主要内容，以知识的流转、共享、整合、创造等行为为主要参与形式的知识活动，其本质目的是通过合作进行隐性知识学习和知识创造。

2.2.2　隐性知识流转网成员合作的特点

1. 隐性知识是网络成员寻求的核心资源

隐性知识流转网成员围绕具有内隐性、嵌入性、复杂性和系统性的隐性知识展开合作，隐性知识的流动和转化是网络的核心功能，隐性知识合作具有极高的潜力和价值。内隐性指隐性知识难以编码、抽象性强，因此其共享和转移高度依赖于成员合作。隐性知识的嵌入性指情境依赖性，成员对隐性知识的解读和应用依赖于网络内具体的知识情境，不能脱离网络情境。隐性知识的复杂性要求合作双方具备一定的合作能力和知识储备，也要求网络的显性或隐性制度规范为合作提供保障。系统性指网络内清晰的隐性知识体系和广泛的知识范畴，成员要能够理解网络和成员间的知识脉络。

2. 成员合作的有效性高度依赖于成员的合作意愿

隐性知识的本质属性使成员合作高度依赖于成员合作意愿及共享意识，积极、主动的合作态度是保证合作有效性的关键。另外，隐性知识合作存在着风险，隐性知识是成员的核心竞争力所在，决定了成员的地位、待遇和贡献，合作过程中的信息不对称、逆向选择以及搭便车等行为会给合作方带来不可预知的损失，因此需要在制度上给予组织承诺。在研究成员的合作意愿时需要把风险等因素考虑进去。

3. 网络成员合作的本质目的是知识学习和知识创造

隐性知识流转网成员合作的核心功能是实现基于隐性知识的知识学习和知识创造，网络为成员提供了资源载体和合作平台。成员在网络中围绕互补性知识进行纵向专深化和横向综合化的知识学习，在知识整合的基础上进行知识创造，增加网络内的知识存量。在知识学习和知识创造的过程中存在知识融合和知识损失问题，知识融合是合作创新的前提，知识损失是隐性知识合作中不可避免的现象。

4. 网络成员的合作受到网络结构的影响和制约

隐性知识流转网成员合作受到路径长度、聚类系数、关系强度、结构洞等网络结构的影响和制约。隐性知识流转网是一个开放的系统，知识资源具有一定的流动性和非稳定性，因此可以用耗散结构理论分析其内部知识的动态演化，可将网络结构向有利于合作的方向优化。网络成员作为节点，按照知识水平和地位及作用可分为核心节点、骨干节点和边缘节点等，在分析成员知识流动意愿及管理机制时需要考虑网络结构因素。

2.2.3　隐性知识流转网成员合作的类型

1. 显性知识合作和隐性知识合作

按照知识属性划分，可将成员合作分为显性知识合作和隐性知识合作。显性知识具有能够被编码、记录的信息性质，可以通过实体载体和信息网络传播，合作效率较高。隐性知识是高度个人化的隐性知识，难以编码化，因此成员主动性的合作是隐性知识流转的首要条件，其中成员的合作意愿尤为关键。通常情况下，网络内两种知识合作同时交互存在。对隐性知识流转网而言，隐性知识合作是其重要功能和存在的意义。

2. 面对面合作和错时空合作

按照合作情境划分，可将成员合作分为面对面合作和错时空合作。面对面合作是传统意义上的同时空合作。错时空合作是指合作双方在不同时间和空间情境下的交互实践，在不同现代信息技术的支持下，网络型知识组织成员跨越时间和空间的隐性知识交互逐渐成为一种常态。按照媒介平台划分，也可将成员合作分为人-人合作和人-技术媒介-人合作。

3. 网络内部合作和网络外部合作

按照合作边界划分，可将成员合作分为网络内部合作和网络外部合作。网络内部合作是以网络为组织边界的组织内部合作，进行组织学习和合作创新；网络外部合作是跨越组织边界和网络外部知识节点间的知识合作，从外部交换获取异质性知识。本书研究的是网络内部的成员间合作。

4. 知识学习合作和知识创新合作

按照合作目的划分，可将成员合作分为知识学习合作和知识创新合作。知识学习合作是具有学习和传递性质的隐性知识流转或称知识转移；知识创新合作是具有知识创造性质的合作创新。知识学习合作本质上是一种学习行为，即通过模仿和学习，消化吸收网络内的共有知识资源。知识创新合作在本质上是一种知识生产行为，即在自身能力和网络共有知识量的基础上进行知识的生产创造。很多情况下可以达到两种目的的混合，合作可同时实现学习和创新。

2.2.4 隐性知识流转网成员合作的基本内容

隐性知识流转网成员合作的基本内容包括知识转移、知识扩散、知识共享、知识整合、知识发酵以及知识创新等方面。

1. 知识转移合作

知识转移是知识主体促使知识以不同的方式在组织或个体之间传递和转移的活动。知识转移合作涉及知识发送成员和知识接收成员两个主体，是通过双方有目的、有计划地沟通和传输使接收者理解和接收发送者知识的过程，主要经过社会化、外部化、综合化、内部化四个阶段。

2. 知识扩散合作

知识扩散是知识通过传播媒介和渠道从知识源节点向更多的主体和更大的空间范围传播的过程。知识扩散合作和知识转移合作的最大区别是知识转移是主动性的，而知识扩散更多是自发的，可能是无意识的，知识扩散合作是一个知识的发散和推广过程。

3. 知识共享合作

知识共享是个体知识和组织知识通过各种手段和途径为组织中其他成员所共享。知识共享合作是知识主体分享知识给组织和他人的行为。知识共享强调的是共享平台，通过合作平台实现个体到个体、组织到个体、个体到组织的知识共有，使知识被更多的相关人员充分使用和利用。

4. 知识整合合作

知识整合是运用科学的方法，将不同类型的知识在不同层次上有机结合起来，进行综合和集成，使原有知识体系得到重构，形成新的核心知识体系的过程。知识整合合作是将成员双方重新进行知识构建的过程。

5. 知识发酵合作

知识发酵是在知识特定的增长环境和条件下，在组织控制者的组织和协同下，在作为母体的知识资源中经过消化、适应、转化、演进和活化，从而进行知识更新的过程。知识发酵合作是成员知识（菌株）通过控制和协调（知识酶），在隐性知识流转网（知识发酵吧）中增长、更新的过程[36]。

6. 知识创新合作

知识创新是指通过科学研究获得新科学知识的过程，目的是追求新发现、探索新规律、创造新方法、产生新知识。知识创新合作是成员双方通过合作进行知识生产和知识创造，是在目前知识存量的基础上创造新知识。

从节点间知识存量和流量的变化来看，知识创新合作本质上可以划分为两个类型：一类是具有学习和传递性质的隐性知识流转或称知识转移；另一类是具有知识创造性质的合作创新。

2.3 隐性知识流转网成员合作意愿的影响因素

成员合作的起点是成员合作的意愿，由意愿产生行为。本节运用扎根理论对隐性知识流转网成员合作意愿影响因素进行分析。

2.3.1 研究方法与研究设计

1. 研究方法

本书以经典扎根理论作为挖掘理论的方法，主要原因是目前关于成员合作意愿影响因素的系统研究相对不足，缺乏可直接借鉴的理论成果供参考，因此不宜采用传统的文献演绎模式，扎根理论是目前比较流行的一种定性分析的科学方法，主要思路是运行系统化的程序，用归纳式的方法通过对现象的分析和整理提炼发展出基本理论[37]，对本书的研究问题具有高度适用性。扎根理论的核心是资料收集与分析的过程，以资料的丰富、严密与饱和保证理论的可靠性，在动态性地搜集现实资料和数据的基础上，进行资料与分析的持续互动，在连续循环的过程中挖掘、发展、验证理论[38]。扎根理论对问题的分析过程是对资料进行逐级编码（或称译码、登录）的过程，包括一级编码（开放式编码）、二级编码（轴心式编码或关联式编码）、三级编码（选择式编码或核心编码）[39]。本节采用扎根理论的研究方法，通过对一手数据资料的深入分析，构建具有实际意义的隐性知识流转网成员合作意愿的影响因素模型。

2. 资料收集与整理

本书选取东北地区具有知识网络性质的跨学科科研团队 2 个、创新研究群体 2 个、虚拟科技创新团队 1 个，共 5 个具有知识网络性质的组织作为研究对象，收集相关资料。由于目前关于成员合作意愿的影响因素还没有成熟的变量范畴和测量量表，因此采取开放式访谈和焦点小组访谈相结合的方式收集一手资料和信息。为了提高样本的代表性，以随机抽样的形式一共选取了 30 个受访对象，考虑到质化研究建立在受访者对研究问题要有一定认识和理解的基础上，访谈选择的对象基本都是具有一定知识水平的研究人员，并尽量使样本年龄、职称、学术地位多样化，在访谈前简要介绍了知识合作的一般性内容、表现，以及知识转移、合作创新等几种典型的合作行为并进行解释。一对一的深度访谈访问了 16 人，每次时间为 30～40min，让被访问者有充分的思考和表达余地。焦点访谈进行了四组，每组平均 4 人，每次时间为 1～2h，由访问者引导各被访问者充分讨论、互相启发。为保证记录的信度，访谈材料由两位编码员分别登录，并于结束后核对结果，当存在不一致的情况时，由访问者和编码员讨论决定。通过这一过程收集原始资料，并对资料进行深入分析，演绎归纳，最终提出理论框架。

2.3.2 成员合作意愿影响因素模型构建

1. *开放式编码*

首先对原始访谈所获得的资料进行开放式编码分析，将原始资料逐步概念化和范畴化。将访谈记录逐句编码，为避免失真，尽量用被访问者的原话作为标签来认知现象并抽象出概念，但为了表述清楚，也做了语法和文字上的简单调整，力求做到清晰、准确。初始挖掘出 54 条原始语句及概念，经分析发现概念间存在一定程度的重叠和交叉，因此进一步将概念分类组合，将资料记录和初始概念打破、揉碎并重新综合，剔除了重复频次少于 2 次，以及出现表述不清、逻辑混乱、前后矛盾等问题的初始概念，界定了范畴。范畴化是处理聚敛问题的过程，重点关注同一范畴的一致性和开发新范畴、新属性之间的平衡。从资料中提炼出合作过程成本、建立合作成本、竞争与替代风险、信息不对称、合作知识收益、合作外部收益、组织氛围、情感支持、网络结构共 9 个范畴，并对每个范畴选择 2～3 条共 25 条原始资料语句及相应的初始概念，如表 2-1 所示。

表 2-1 开放式编码范畴化

范畴	原始语句	初始概念
合作过程成本	看合作需要花费多长时间，时间短没问题，占用太多时间肯定不行	时间成本
	如果合作耗费个人太多精力会认真考虑下，如果很简单则会提供帮助	精力成本
	合作不会让我又出钱又出力吧，如果用我的工具、设备我不会答应	资源成本
建立合作成本	找高手帮助太难了，需要很多资源，很难寻求合作	搜寻成本
	想合作解决问题，尤其是经验丰富的人，但需要付出什么作为交换吗	交换成本

续表

范畴	原始语句	初始概念
竞争与替代风险	担心把个人技术教给别人，会使自身竞争优势下降，影响个人发展	丧失竞争优势
	他人掌握了我的技术，我的地位和待遇会不会下降	替代风险
	如果我会的大家都会，组织开除我时也不会有顾虑了	影响组织承诺
信息不对称	教授知识和技术给关系不错的人可以，但担心他会外传扩散	道德风险
	担心全身心投入合作时，对方有所保留或搭便车，造成自身损失很大	逆向选择
合作知识收益	合作可以优势互补，解决关键科学问题，有效创新时，会主动寻求合作	合作创新
	若合作可以让我从对方处学到知识和经验，非常愿意	知识转移
	如果对方可以提出一些建设性意见帮助我改善提高，我会很愿意交流工作方法	有效反馈
合作外部收益	在可以受到组织实质性奖励的前提下，会更积极地分享自己的知识和特长	外在激励
	如果可以受到鼓励、表扬和称赞等，会更积极地与他人合作	内在激励
	为了建立良好的关系，以便下次能够得到对方的帮助，通常情况下会与他人合作	关系收益
组织氛围	组织总是提供场合进行交流探讨，搭建合作平台，合作已成为习惯	搭建平台
	团队对搭便车、拆台等行为比较关注，不合作的人很难在团队相处	监督测评
	合作已成为日常工作的惯例和共识，当然会合作了	组织文化
情感支持	认识很长时间的人，不好意思不提供帮助	情感回应
	对于比较信赖的同伴，我将给予主动帮助	信任关系
	我不会和以前有过不讲信誉行为的人再合作	个体声誉
网络结构	领导、专家以及活跃分子有合作要求时，我一定会尽力配合	占据结构洞
	在一个圈子里工作，自己的行为大家很快会知道，会合作以免受到抵制	网络聚类
	直接找我的一般我会提供帮助，托人找我的我可能会忽略	路径长度

2. 主轴编码

开放式编码得到的概念与范畴是独立的，它们之间的关系尚未深入探讨，主轴编码指将开放式编码得到的各项范畴联结在一起，发现范畴之间的潜在逻辑关系，其主要任务是在性质及维度的基础上进一步发展范畴，即确定主范畴和副范畴。这一过程的主要方式是通过情境关系、相似关系、序列关系、语义关系、功能关系及因果关系等将概念类属进行有机关联，将分散的资料重新组织起来，通过分析和比较发展出主要类属，以此作为“主轴”进行深度分析，不断扩展类属，以符合被访问者说话的意图和情境为原则，建立类属之间的关联。在主轴编码阶段根据不同范畴在概念层次上的相互关系和逻辑次序归类，归纳出合作成本、合作风险、合作收益、合作环境共 4 个主范畴，如表 2-2 所示。

表 2-2　主轴编码形成的主范畴

主范畴	副范畴	关系的内涵
合作成本	合作过程成本	成员合作过程中消耗的人力、物力、财力及时间是合作成本的具体体现形式，这是合作行为不可避免的
	建立合作成本	成员建立合作关系的过程中搜寻、交换、搭建等行为所花费的隐性成本是构成合作成本的一个方面
合作风险	竞争与替代风险	由于知识所有权的流转而丧失竞争优势可能影响到个人的生存和发展，这是知识合作风险的主要体现
	信息不对称	由于信息不对称而产生的类似保守、偷懒甚至拒绝合作等机会主义倾向是产生合作风险的重要方面
合作收益	合作知识收益	知识主体从合作创新、知识转移、交流反馈等行为获得的知识收益是成员合作收益的主要部分，这是合作的直接目的
	合作外部收益	组织的激励制度给予成员合作的物质激励和精神激励，以及成员间关系的建立是合作收益的重要组成部分
合作环境	组织氛围	知识主导型的组织文化、经常性的知识合作环境及便利的沟通平台和管理系统等组织氛围是合作环境的重要支撑
	情感支持	成员相互信任、人际关系强度、声誉机制等情感性因素可以为营造一个良好的合作环境提供支持
	网络结构	网络的聚类系数和路径长度、知识合作和扩散渠道等网络结构因素是影响成员合作的物理条件

3. 选择性编码

选择性编码过程是理论构建的过程，主要任务是根据主范畴确定核心范畴，并解释范畴间的联结关系。通过对主范畴继续归类、抽象，确定出具有中心性、强解释力、频繁性等特征的核心范畴，并进一步分析核心范畴与其他范畴之间的关联是通过哪些途径实现的，据此构建出理论模型。本节研究确定“成员合作意愿影响因素及其作用机制”为核心范畴，合作成本、合作风险、合作收益和合作环境四个主范畴对成员合作意愿存在显著的影响。构建隐性知识流转网成员合作意愿影响因素理论模型如图 2-1 所示，模型解释如下。

合作收益是影响成员合作意愿的内驱性因素，可以解释为成员合作行为的动力机制。大多数被访问者都表示：“参与合作是因为能在共同工作中从其他人身上学习知识，尤其是只能手把手教的经验、方法和诀窍”“参与合作就是为了能够依靠伙伴解决一些自己解决不了的问题”“参与合作是因为合作的效率要远高于自己单打独斗”等。从被访问者表示出的“就是为了”“尤其是”“是因为”“远高于”等词汇可以看出合作收益是成员发自内心愿意参与合作的原因。由成员合作创新、知识转移等合作行为带来的知识收益及外部对合作行为给予肯定的相关激励是成员合作的内在驱动力和心理归因。合作收益很高时，尤其是知识收益，成员合作意识会较强；合作收益很低时，成员的合作意识将非常淡薄，几乎不会有主动合作的意愿产生。

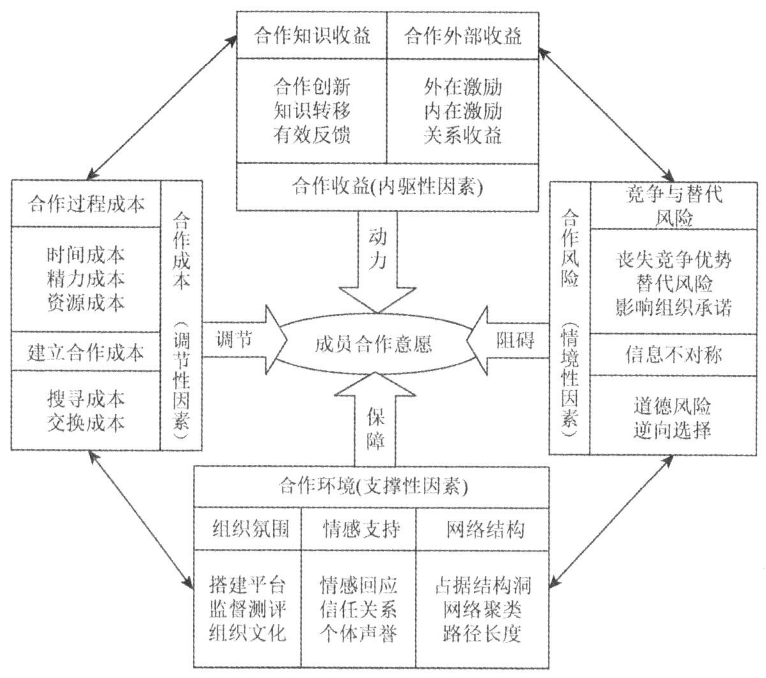

图 2-1　隐性知识流转网成员合作意愿影响因素理论模型

合作成本是影响成员合作意愿的调节性因素，是成员合作行为无法避免的，差别只是程度上的大小，可以解释为成员合作行为的调节机制。例如，有被访问者表示："自己会衡量是否参与合作，主要考虑因素是合作的付出和收益的比较""让我出设备、出场地还要花费时间，合作收益又一般时我很难积极响应""过于消耗精力的合作我会尽量避免，但如果合作的回报很高我也会参与"等。被访问者表示出的"衡量""参考""比较""也会参与"等词汇表现出合作成本因素对合作收益等因素起到的调节作用。合作成本和合作收益是相对的，如果合作占用的时间、精力、资源成本很高，会部分抵消合作收益产生的合作意愿；如果成本很低，那么即使合作收益并不太高，成员也可能会选择合作。

合作风险是影响成员合作意愿的情境性因素，合作风险在一定程度上是可以控制和削减的，可以理解为成员合作行为的阻碍机制。例如，有被访问者表示："因不了解对方态度和行为而产生的怀疑和犹豫已成为合作的阻力，令人放心的合作需要组织解决好这一问题""自己最大的顾虑就是怕在合作中不可避免地将自身独有的知识大范围外传，造成竞争优势的丧失，如果组织能够通过制度很好地处理类似问题，那么合作就没有问题"等。被访问者表示出的"怀疑""犹豫""顾虑""阻力"等词汇表示出合作风险是成员合作的障碍，而"需要组织""解决好""通过制度""处理好"等词汇表示出合作风险是和情境有一定关系的。当成员面临的合作风险较大时，成员有很大的倾向选择不合作，丧失竞争优势和信息不对称是合作的主要风险，即使风险可控，成员在合作上也会有顾虑，成员对风险的认识和顾虑的消除是个渐进的过程。

合作环境是成员合作意愿的支撑性因素，可以解释为成员合作行为的保障机制。例如，有被访问者表示："组织的环境是合作顺利进行的条件，组织定期组会、头脑风暴、总结汇报都已形成制度，怎么会不参与""师父带徒弟式的老中青梯队合作攻关是团队多年的积淀，只要在团队中就会自然参与其中""声誉性质的机制对合作肯定有支撑作用，如果消极合作和行为不端等表现很快会在圈子中传开，以后很难寻求帮助，那么就会对不合作行为非常慎重，再说大家平时关系都不错，该帮就会帮"等。被访问者表示出的"顺利进行""条件""自然参与""非常慎重"等词汇体现出合作环境是成员合作的支撑和保障因素。合作环境通过对成员施加影响，使成员行为符合网络规范的要求，从而刺激成员产生合作的意愿。良好的组织文化、合作惯例等组织氛围因素，信任和人际关系等情感支持因素，以及网络聚类和畅通的沟通渠道等网络结构因素对成员合作意愿有正向的促进作用。

2.3.3　成员合作意愿影响因素理论模型的分析

本节根据《建构扎根理论：质性研究实践指南》等影响力较大的书籍，在理论模型构建结束后，进行相关的文献综述，明确创新之处[40]，对本书提出的理论模型与隐性知识转移意愿的相关研究做出比较和区分。以往关于隐性知识转移意愿的相关研究主要是在知识转移的激励机制、动力机制、转移过程、动机因素等问题的研究中间接体现的，这些研究为直接分析成员的隐性知识合作意愿奠定了研究基础。

卢新元等指出收益要素和成员内部动机是知识主体在隐性知识转移中涉及的主要利益关系，这两方面包括奖励惩罚制度、组织文化和氛围、人际关系，实质上对应的是理论模型提出的合作环境因素[41]；王秀红等通过构建知识传播动力模型，指出隐性知识的有效传播必须有组织地参与和管理，即理论模型提出的组织氛围[42]；林昭文等通过互惠动机视角提出可以通过互惠性克服隐性知识的垄断性、知识主体诚信缺失等隐性知识转移的困境，本章的合作视角以及理论模型中由于信息不对称产生的道德风险和逆向选择与其思想上是一致的[43]。张大为等通过研究知识源在隐性知识转移过程中发生的各项成本分析了知识转移动力，探讨的是理论模型的合作成本因素[44]。祁红梅和黄瑞华指出组织支持、工作压力和群体影响三方面是影响员工知识转移绩效的组织情境因素，与理论模型的合作环境因素互为补充[45]。张晓燕和李元旭通过讨论隐性知识转移过程中存在认知与动机障碍，指出内在激励和外在激励相互间存在拥挤效应，理论模型将其统一在合作外部收益中[46]。周军杰等讨论了不同合作创新模式与隐性知识转移的关系，理论模型对相关内容有一定展示[47]。朱卫未等在研究知识势差效应时提出知识主体在转移过程中面临经济利益、知识安全、弥补势差、平台环境、知识传播五种需要，并指出需求的共同推力是隐性知识转移活动的原动力，这与理论模型是吻合的[48]。

综上所述，相关文献进一步验证了隐性知识流转网成员合作意愿影响因素理论模型是饱和的，与相关文献互相补充验证。同时，与以往研究的比较也体现出本书的创新之处：相关研究往往是通过宏观层面的过程机制、转移绩效影响因素等研究侧面地提及知识主体的意愿，较少直接地深入成员的主观意愿层面，尤其是缺乏从合作视角切入；另外，更多的研究是从某一个角度进行的，缺乏综合、整体性的考虑。相关文献较少关注到网络型知识组织的网络结构层面，通过与成员深入访谈发现结构洞、网络聚类、路径长度等网络结构因素对成员合作意愿有直接的影响，这是对相关研究的一个补充。同时相关研究通常将隐性知识转移的风险放在组织环境中一起讨论，而实际上，在访谈中发现，探讨成员合作意愿问题时，将合作风险和合作环境视为并列的同一层面的因素是更合适的。理论模型以成员合作意愿为研究目标，从整体上把握合作意愿的影响因素，提出了合作收益、合作成本、合作风险、合作环境四个方面的影响因素，既与以往研究相互补充验证，又具有一定的区别和创新。

2.3.4　对成员合作意愿影响因素的讨论

通过扎根理论的编码研究，本章构建出了隐性知识流转网成员合作意愿影响因素理论模型，成员合作受到合作收益、合作成本、合作风险以及合作环境四个方面的影响，对模型分析得到如下结论和启示。

1. 成员通过合作获得知识及其他收益是成员合作的前提条件

科研项目的综合、复杂、规模化趋势及知识专业分工的深化使知识主体合作成为常态，隐性知识流转网的核心功能就是实现成员合作带来的知识收益，知识收益可以包括直接量化产出的学术论文、专利、专著、科技奖励等成果收益，以及通过科技攻关、科技创新、科技成果转化等获得的市场和社会收益；还包括知识转移、沟通反馈等实现的自身知识存量的增加，提升自身知识水平和技术能力是合作的一个重要因素。共同取得的知识收益还存在分配机制的问题，有被访问者表示“合作成果的分配是否公平是自己决定是否参与合作的因素”。合作收益是产生合作意愿的源泉，因此合作需要建立双方相互获益的机制才能有持续性。增加成员的知识互补性、资源共享性和共同目标，凝练科学问题，持续有效地进行合作创新和知识转移是保证知识网络成员从内心深处产生强烈的合作意愿的重要因素。除了合作过程本身带来的知识收益，网络给予成员的内部激励、外部激励及合作建立的稳固的社会关系资本收益也是合作收益的另一种体现形式，同样会影响成员的合作意愿。

2. 合作成本是成员合作得以展开的基础性条件

合作需要成员双方投入时间、资源、精力、知识等成本，搭建合作平台也需要成员间沟通协调等隐性成本，这是建立合作的基础。合作成本和收益具有相对性，成员会衡量相对收益，如果成员投入成本与通过合作获得的回报不匹配，则成员合作意愿会大大减小。搭建合作关系和合作过程两个阶段都需要资源基础，合作成本不可避免但可以减少，一方面得到网络环境的支撑，积极的网络环境和良好的成员关系可以降低合作的成本；另一方面也受到成员能力的约束，成员的知识吸收能力、发送能力、合作能力的高低，以及合作双方的知识差距都会影响合作成本，如果差距过大，能力的差异使合作很难自发地开展，这在搭建合作关系时表现明显，即使建立了合作，双方的信息传播和知识流动也很容易成为单向的，从而变成强势节点的义务，成本收益的不匹配和贡献失衡会使强势成员无合作意愿，此时如果网络为了整体目标对成员的合作贡献给予激励和利益补偿（外部收益），则会增大成员的合作动力。

3. 合作风险是成员合作不得不考虑的障碍性因素

个体利益最大化使成员在网络信息不对称时有选择搭便车、推诿、消极合作等行为的倾向，产生道德风险和逆向选择，在合作水平高于对方时，风险问题会变得更加突出。同时，个体知识的共享化和集体化会在一定程度上降低个体竞争优势，尤其是高度个人化的隐性知识更是个人价值的体现和竞争的资本，对风险的预期会阻碍成员的合作行为。因此在隐性知识合作时，应给予成员组织承诺和激励补偿，在制度上降低风险。合作环境对合作风险有调节作用，共同目标、良好的关系、公开透明的合作环境有利于降低合作风险。另外，当合作的创新和知识收益足够大时，即使没有有效的监督机制，为了建立长久延续的合作关系，以及担心不合作行为带来的可能惩罚，成员也会积极合作。因此，降低合作中的风险的有效手段是给予制度保障、环境建设以及提高合作收益，建立知识产权制度，成员的特殊技能和经验方法可作为网络内部的知识产权加以保护。

4. 构建积极的合作环境和氛围是成员合作的重要支撑条件

合作环境由组织氛围、网络结构和情感支持三方面组成。网络搭建的沟通交流平台，研习会、深度会谈等学习机制，交流过程的记录等对合作行为的监督测评机制等是形成合作环境的组织制度因素；成员在交流和沟通过程中的了解、试探以及历史积淀会形成友谊、信任等情感关系，情感支持能够影响成员的认知偏向，关系信任会降低合作成本，形成积极的合作环境；合作环境的形成也会受到网络结构的制约，成员嵌入特定的网络结构中，受到网络聚类和路径长度等结构变量的制约，由于信息的公开性和透明性的不同，背叛、对抗、消极合作等成本存在差异，网络结构在一定程度上决定了合作风险，也影响了成员建立连接关系的合作成本，值得一提的是，占据结构洞的核心节点的能力、合作态度，是否能够引导、协调其他节点围绕任务展开有效合作，也决定了网络的合作环境。合作环境能够为成员合作意愿提供条件保障。

2.4 本章小结

在社会网络视角下，将成员作为节点，成员之间的关系视为边，则跨学科科研团队、产业创新联盟、创新研究群体、虚拟科技创新团队、协同创新体系等以隐性知识为核心资源进行知识流转和合作创新的网络型结构组织可以抽象为隐性知识流转网。隐性知识流转网的成员合作内容包括知识转移、扩散、共享、整合、发酵、创造等多种行为，但从节点间知识存量和流量的变化来看，其本质上可以划分为两个类型：一类是具有学习和传递性质的隐性知识流转或称知识转移；另一类是具有知识创造性质的合作创新。隐性知识流转网的成员合作是以网络型知识组织为合作边界，以知识节点（成员）为参与主体，以隐性知识的互通有无、交流学习、配合协同以及合作创新为主要内容，以知识的流转、共享、整合、创造等行为为主要参与形式的知识活动，其本质目的是通过合作进行隐性知识学习和知识创造。隐性知识流转网成员合作意愿的影响因素包括合作收益、合作成本、合作风险和合作环境四个方面。本章为深入研究隐性知识流转网的成员合作问题奠定了基础。

第3章　隐性知识流转网的结构特征及其与成员合作的关系

根据社会网络的相关理论，无论显性知识还是隐性知识，知识的流转活动都可理解为在网络环境中，只是流转的具体路径和渠道的差别。多元知识主体为应对复杂、不确定的创新环境，搜索利用具有互补性、异质性的隐性知识资源而发展形成了隐性知识流转网。从静态的角度来看，隐性知识流转网是一种结构，由节点（知识成员）和边（成员之间的关系）构成；从动态的角度来看，隐性知识流转网是一个过程、一种工作系统，隐性知识在网络中流动、传递；从目的角度来看，隐性知识流转网是一种功能，实现隐性知识共享融合，促进知识创新和价值创造。

隐性知识流转网是由一定数量的知识节点分层连接而成的，通过节点的交互合作，知识在节点间多向流动而形成链式、网状的拓扑结构，构成隐性知识流转网的功能架构，即网络结构要素是由知识成员作为节点，成员间的合作创新和知识流转关系作为网络的边，按照一定方式联结在一起而构成的复杂关联系统。可运用复杂网络的相关理论方法描述和分析隐性知识流转网的结构特征。网络结构特征对成员错时空合作行为有影响，并带来知识流量和存量的变化。

3.1　网络规模

网络中的节点数可称为网络规模（network scale），网络规模越大，节点随机连边建立合作的机会就越多、概率越大。网络规模拓展了成员合作空间，但并不是网络规模越大，网络知识价值越大，还要考虑两个方面：一是节点个体的知识量；二是节点间的重叠知识，即网络中节点异质性知识资源的总和形成了网络的知识价值，可称为网络知识规模。

随着网络成员的加入和退出，网络规律和网络知识规模也是动态变化的，特别是拥有异质性知识资源的成员的加入，会显著提升网络知识规模，将对网络功能有较大的拓展。网络规模增大使节点可以获取更多知识资源，分担创新风险，但合作伙伴的搜寻难度会增加，也会带来更多的机会主义行为，隐性知识的默会性增大了对合作节点的了解难度，在大规模的网络结构中，信息不对称使机会主义更难察觉，且机会主义行为具有传导性。这需要网络建立完善的信息传递和监督机制，增加了合作成本。因此适度的网络规模是更有利于成员合作的。

$$N_k = \sum_{i=1}^{n} k_i - \sum_{i,j=1}^{n} k_{ij} \tag{3-1}$$

式中，N_k 为网络知识规模；k_i 为节点 i 的知识量；k_{ij} 为节点 i 和节点 j 的重叠知识量；网络内共 n 个节点。

个体网是由一个核心个体和与之直接相连的其他个体构成的网络；整体网是由一个群体内部所有成员及其之间的关系构成的网络。成员节点的有效规模是网络中的非冗余程度，是节点的个体网规模减去网络的冗余度：

$$N_i = \sum_{j}\left(1 - \sum_{u} p_{iu} m_{ju}\right), \quad u \neq i, j \tag{3-2}$$

式中，N_i 为节点 i 的有效规模；j 为与节点 i 相连的所有节点；u 为除节点 i 或 j 之外的每个第三者；p_{iu} 为节点 i 投入节点 u 的关系所占的比例；m_{ju} 为节点 j 到节点 u 的关系的边际强度，描述了网络中主体间联系的频繁程度；$p_{iu}m_{ju}$ 衡量了节点 i 和特定点 j 之间的冗余度。

3.2　节点度分布

知识节点连接的边数为该节点的度分布（degree distribution），节点的度数越大，其建立的联系就越广泛，在网络中的资源获取能力越强。隐性知识的合作往往需要节点间的联系是直接、深入的，节点度数直接反映了节点建立合作关系的条件。一个节点的度越大意味着该节点在网络中越重要。网络中节点度数的概率分布称为度分布，$P(k)$ 表示网络中随机选取一个节点的度数为 k 的概率，称度分布为指数（幂律）分布 $P(k) \sim k^{-\lambda}$ 的网络为无标度网络。

自然状态下，隐性知识流转网为无标度网络，节点之间的连接状况（度数）整体上具有不均匀性，拥有较大知识存量及占据网络核心位置的节点拥有较多的连接，而知识存量小的边缘节点则只有较少的连接。在网络的运行中，节点间的连接表现出马太效应，即在网络的演化中，具有核心知识和关键技术的节点会在网络中建立大量的合作关系，并且度数越来越大，而其他节点仅拥有少量合作关系，并且有被动减少度数并退出网络的倾向，网络管理者的激励和导向机制可以消除或弱化这种效应，在制度导向和网络文化作用下以共赢取向建立合作关系。

3.3　平均路径长度

连接两个知识节点最短路径上的边数称为两个节点间的距离，即从一个节点到另一个节点要经历的边的最小数目。平均路径长度（node average path length）是网络中任意两个节点之间距离的平均值，是网络中所有节点对之间的平均最短距离：

$$L=\frac{1}{N(N-1)}\sum_{i\neq j}d_{ij} \tag{3-3}$$

式中，L 为平均路径长度；N 为网络规模（节点总数）；d_{ij} 为节点 i 和节点 j 之间的最短路径距离。

隐性知识流转网的平均路径长度刻画了网络中知识传播的速度，衡量了知识网络的传输性能和效率。在路径短的网络中，节点间可以很容易地建立起沟通和联系，知识合作也更便捷；在路径长的网络中，节点间建立联系则面临更大的困难和障碍，一方面不容易建立稳定的合作关系，另一方面知识流转过程也容易造成一定的知识损失。这需要知识节点提升网络管理能力，能够适应动态环境并准确定位知识源。为了便于知识合作，网络管理者应通过搭建沟通桥梁和合作平台等方式缩短路径长度。

知识存量多的节点获得连边的概率大，因此其与其他节点的距离一般也较短，在网络中成为核心节点；部分节点积极与核心节点建立联系进行交流，通过合作和创新不断提升自身的知识存量，逐步提升网络位置，也会进化为核心节点，从而吸引网络中其他节点与之合作；部分节点具有一定的惰性，不积极合作，关系和功能逐渐弱化，连边不进行拓展，还会因为消极表现被删除已有的边，从而被网络淘汰。网络在节点的行动中逐渐演化，知识节点也随之不断成长和进化。可根据知识节点对合作的贡献建立退出和补偿机制，从而不断优化网络。

3.4 聚集系数

聚集系数（clustering coefficient）描述了节点之间聚集成团程度的系数，即一个节点附近的邻接点之间相互连接的程度。网络中节点 i 有 k_i 条边将它和其他节点相连，这 k_i 个节点就称为节点 i 的邻居（邻接点）。网络整体的聚集系数为所有节点集聚系数的平均值，反映了网络的密度，网络中成员间相互合作的关系数量越多，网络的聚集系数越大：

$$C_i=\frac{2E_i}{k_i(k_i-1)} \tag{3-4}$$

$$C=\frac{1}{N}\sum_{i=1}^{N}C_i \tag{3-5}$$

式中，C_i 为节点 i 的聚集系数；E_i 为节点 i 的 k_i 个邻接点实际存在的边数，则

$\frac{1}{2}k_i(k_i-1)$ 为网络中最大的连边数量；C 为网络整体的聚集系数。

聚集系数反映了隐性知识流转网中知识主体间联系的紧密程度。网络聚集系数越大，知识成员越容易建立合作、获得隐性知识和信息资源，有利于成员间的学习和创新活动；但聚集系数过大容易导致形成小团体，知识和资源同质性高，带来知识冗余，降低网络创新性，资源的易得性也容易导致成员网络管理能力的退化，此时网络需要异质性新节点的加入。网络聚集系数越小，知识成员寻找合作伙伴和资源越困难、合作环境和条件越差，成员间的熟悉程度低也加大了信息不对称带来的不确定性和机会主义风险，此时要求知识成员具有较强的网络管理能力，突破环境束缚，在网络中拓展关系、建立联系，形成稳定的合作关系。

3.5　中　心　度

中心度（centrality）是节点在网络中位置重要性的概念，测量了节点在网络中的权力，反映了节点对网络资源的控制程度。根据测定中心度方法的不同，可以分为度中心度（degree centrality）、中间中心度（betweenness centrality）和接近中心度（closeness centrality）。

3.5.1　度中心度

度中心度可以理解为连接中心度，是一个节点与其他节点直接连接的总和，是节点的局部中心指数。考虑到连接是有方向的，所以给连接加入向量的概念，可分为点入中心度（in-degree，后面简称为入度）和点出中心度（out-degree，后面简称为出度）。度中心度反映了节点自身的知识流转能力。入度表现出节点的被关注程度和吸引力，入度高的节点是其他节点都想与其形成关联的对象，在网络中具有很高的声望。入度高的知识节点有优势引导节点间合作的内容、视角、深度和广度。出度表现节点关注其他节点的程度和积极性。出度高的节点积极、活跃地与其他节点取得关联，具有较强的交际性和知识流动意愿。出度高的节点在网络中能够从很多的其他成员那里获得丰富的知识、信息和方法等。

点度中心势表示网络整体的中心性，体现整体网络的集中程度，测量了网络在多大程度上围绕某些特殊点构建起来：

$$D=\frac{\sum_{i=1}^{n}(D_{\max}-D_i)}{\max\left[\sum_{i=1}^{n}(D_{\max}-D_i)\right]} \tag{3-6}$$

式中，D 为网络点度中心势；$D_{\max}$ 为网络中各个点的最大中心度的值；D_i 为节点 i 的中心度。

3.5.2 中间中心度

中间中心度反映了一个节点在多大程度上处于其他两个节点之间，是一种控制能力指数。中间中心度计算经过一个节点的最短路径的数量，最短距离经过该点说明这个点很重要。经过一个点的最短路径的数量越多，它的中间中心度越高。中间中心度高的节点处在其他节点相互之间的捷径上，起到中介作用，在其他成员之间的合作中的调节能力强、控制能力大。如果知识网络中包含若干互动紧密的小团体，中间中心度高的节点可以起到将这些小团体连接起来的作用，打破小团体的边界，构建成一个整体网络。

$$D_{\mathrm{AB}i}=\sum_{j}^{n}\sum_{k}^{n}b_{jk}(i)\frac{g_{jk}(i)}{g_{jk}},\quad j\neq k\neq i, j<k \tag{3-7}$$

$$D_{\mathrm{RB}i}=\frac{2C_{\mathrm{AB}i}}{n^2-3n+2},\quad 0\leqslant C_{\mathrm{AB}i}\leqslant 1 \tag{3-8}$$

式中，$D_{\mathrm{AB}i}$ 为节点 i 的绝对中间中心度；$D_{\mathrm{RB}i}$ 为节点 i 的相对中间中心度；g_{jk} 为节点 j 和节点 k 之间存在的捷径数；$g_{jk}(i)$ 为节点 j 和节点 k 之间存在的经过第三点 i 的捷径数；$b_{jk}(i)$ 表示节点 i 能够控制节点 j 和节点 k 互动的能力。

$$D_{\mathrm{B}}=\frac{\sum_{i=1}^{n}(D_{\mathrm{AB\,max}}-D_{\mathrm{AB}i})}{n^3-4n^2+5n-2}=\frac{\sum_{i=1}^{n}(D_{\mathrm{RB\,max}}-D_{\mathrm{RB}i})}{n-1} \tag{3-9}$$

式中，D_{B} 为网络中间中心度；$D_{\mathrm{AB\,max}}$ 和 $D_{\mathrm{RB\,max}}$ 分别为网络中各个点的绝对和相对中间中心度的最大值。

3.5.3 接近中心度

接近中心度衡量了一个节点到其他所有节点的距离总和，越小说明该节点到其他所有节点的路径越短，距离其他所有节点越近，反映了节点在多大程度上不受其他节点控制。一个节点与其他节点越接近，该节点在传递知识信息及展开合作方面越便利，越可能居于网络中心。入接近中心度通过计算走向一个点的边来测量出其他节点到达该节点的容易程度，一个节点的入接近中心度越高，说明其他节点到这个节点越容易，表达的是整合力。出接近中心度是计算通过一个节点到其他节点的最短距离和的倒数，衡量一个节点到达其他节点的容易程度。出接近中心度越大，这个节点到其他节点越容易，表达的是辐射力。

$$D_{\mathrm{AP}i}^{-i}=\sum_{j=1}^{n}d_{ij} \tag{3-10}$$

$$D_{\mathrm{RP}i}^{-i}=\frac{D_{\mathrm{AP}i}^{-i}}{n-1} \tag{3-11}$$

式中，$D_{\mathrm{AP}i}^{-i}$ 为节点 i 的绝对接近中心度；$D_{\mathrm{RP}i}^{-i}$ 为节点 i 的相对接近中心度；d_{ij} 为节点 i 和节点 j 的最短路径距离。

3.6　结　构　洞

结构洞是三个以上网络成员间的非冗余关系，这种非冗余关系可以从关系的缺失、凝聚性和对等性来分析。若一个网络成员的两个联络人之间存在直接关系，则凝聚力加大，但存在冗余性。如果网络成员 A 和 C 都与成员 B 存在关系，成员 A 和成员 C 不存在关系，则成员 B 为三者间的结构洞，弥补了成员 A 和成员 C 之间的关系缺失。两个没有直接联系的网络成员与网络中同一群成员之间共享同样的关系，即各自的关系网是相同的，则这两个成员的结构是对等的，从与他们建立联系的第三方来看，他们提供的信息是冗余的。

处于中间位置的行动者可称为中间人，从一个节点获得资源，向一个节点发送资源，并不关注能否得到直接回报。根据中间人所扮演的社会角色及参与合作节点分属的群体关系，可将其角色分为五类。如图 3-1 所示，节点 B 为结构洞。

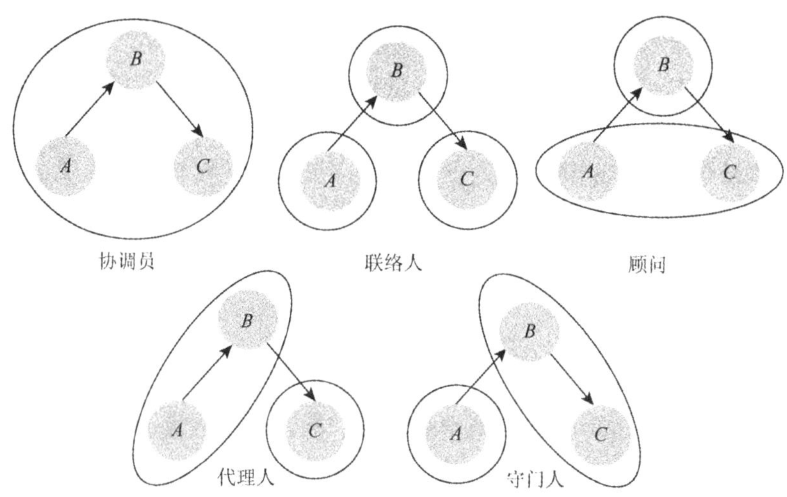

图 3-1　中间人的网络结构

协调员：节点 A、B、C 均属于同一群体。

守门人：B为结构洞，且B与C属于同一群体，A属于另外一个群体。

代理人：B为结构洞，且A与B属于同一群体，C属于另外一个群体。

顾问：B为结构洞，且A与C属于同一群体，B属于另外一个群体。

联络人：B为结构洞，且A、B、C均分属于不同的群体。

限制度和等级度是测量结构洞的重要指标。限制度反映了节点在网络中拥有的运用结构洞的能力。节点i的限制度取决于i曾经投入了大量网络时间和精力的另外一个接触者u在多大程度上向接触者j的关系投入大量的精力。

$$F_{ij}=\left(p_{ij}+\sum_{n}p_{iu}p_{uj}\right)^2 \tag{3-12}$$

$$F_{ij}^2=\left(\frac{1}{n_i}+\sum_{n}\frac{1}{n_i}\frac{1}{n_u}\right)^2 \tag{3-13}$$

式中，F_{ij}为节点i受到节点j的限制度；u为除节点i或j之外的第三者；p_{ij}为节点i投入节点j的关系所占比例；p_{iu}为节点i投入节点u的关系所占比例；p_{uj}为节点u投入节点j的关系所占比例；F_{ij}^2为二值网络中节点的限制度；n_i为节点i的个体网规模；n_u为节点u的个体网规模。

等级度指限制性在多大程度上集中在一个节点上。一个节点的等级度越大，说明该节点越受到限制。

$$H=\frac{\sum_{j}\frac{F_{ij}}{C/N}\cdot\ln\frac{F_{ij}}{C/N}}{N\cdot\ln N} \tag{3-14}$$

式中，H为节点i的等级度；C为聚类系数；N为节点规模。

隐性知识流转网中占据结构洞的节点具有位置赋予的信息和资源优势，结构洞为网络合作搭建了桥梁和关系，加强了网络中主体间的联系；另外，处于结构洞的有利位置也为节点创造了机会主义行为，增加了监管难度，若机会主义行为被发现，则会对网络信任和协同创新产生消极破坏作用，从而影响网络整体的创新效益。

3.7　本 章 小 结

本章以成员合作的视角研究网络有效性，探讨网络规模、网络聚类、节点度分布、中心度和结构洞等网络结构特征的内涵，并讨论了网络结构特征对成员合作的影响和作用，为提出优化网络结构的对策提供参考。

第 4 章　隐性知识流转网成员合作行为策略选择

成员合作的行为策略是隐性知识流转网成员合作研究的切入点，目前国内外关于战略联盟、知识网络或虚拟团队等组织形式中成员行为的研究基本上都是运用博弈论、最优化等相关理论，研究成员合作或者不合作、进行知识转移或者不进行知识转移、共享知识或者不共享知识，基本上是对立面的行为，如文献[49]～文献[54]的相关研究，而缺乏深入到在成员合作的条件下如何进行决策的研究。但实际上，即使成员选择合作，其行为也是复杂和多样的，本章意在从合作、共享角度深入到如果成员采取合作的态度，成员的行为是怎样的。基于合作的前提，将成员行为细分为知识转移、合作创新、自主行为等几个方面，研究成员基于自身条件和情况的策略选择，对隐性知识流转网成员的合作行为进行深入的分析。

4.1　成员合作行为的总体分析

隐性知识流转网的成员合作形式包括知识转移、扩散、共享、整合、发酵、创造等多种行为，但从节点间知识存量和流量的变化来看，其本质上可以划分为两个类型，一类是具有学习和传递性质的隐性知识流转或称知识转移；另一类是具有知识创造性质的合作创新。即可以将成员合作行为简化为知识转移和合作创新。两种方式带来知识增长的总和即为节点的知识增量。本章的研究前提假设有以下几条。

假设 1：节点行为的唯一目的是增加自身的知识存量。

假设 2：新知识是同质的，无论从什么途径获得的知识增量价值相同。

假设 3：节点是理性的，节点通过衡量预期收益和风险选择行为。

假设 4：网络内节点均采取合作态度，当节点有需求时，对方会配合进行知识共享和合作创新。

从社会学角度来说，任何组织行为都是建立在组织已有资源基础上的一种社会选择活动。在节点资源、经费、时间、精力（这里将其统称为投入要素）有限的条件下，需要对两种行为进行合理的选择和分配，以达到自身效用的最大化。成员组建和加入隐性知识流转网最根本的目的是获取隐性知识，以经济人的角度，分析成员追求利益最大化（隐性知识增量最大，同时避免风险）的行为选择具有现实意义，因此，利用对收益和风险的衡量综合考虑行为策略，借鉴投资组合的思想，运用投资学的相关理论研究合作条件下成员的行为是合理和适用的。

4.2 成员合作下的预期收益分析

4.2.1 知识转移的预期收益函数

知识转移的参与主体分为知识源节点和知识接收节点，转移过程包括知识发送和知识接收两个方向。由于研究前提是成员合作，即源节点始终采取知识共享策略，所以只考虑知识接收节点从源节点获取知识的行为。预期收益由投入和投入的预期收益率决定，根据以往相关研究和本章的研究目的，将知识转移收益率的主要影响因素分为吸收能力、关系嵌入强度和转移空间三个方面。

α 为节点 i 的吸收能力，体现了对转移空间内知识的识别、理解、学习和消化能力。Anh 等指出节点吸收能力包括识别新知识价值能力（ability to recognize）、吸收新知识能力（ability to assimilate）和运用新知识能力（ability to apply），这三方面将影响节点对转移空间内隐性知识和显性知识的学习和获得，从而影响节点的知识转移收益[55]。γ 为节点 i 和网络内其他节点的关系嵌入程度，体现了该节点和其他节点之间的互动频率和强度、亲密和信任程度，以及互惠交换和共享价值的水平[23]，由于隐性知识的默会性和涉身性，成员关系对隐性知识的流转非常关键。节点的关系嵌入程度影响节点双方的转移意愿、信心和动力以及投入水平等方面，从而影响转移的收益[56]。通过以上分析，将知识转移预期收益（或称效用）简化为式（4-1）所示的四个变量所决定的函数，代表成员选择知识转移行为时投入要素带来的知识增长：

$$E(K_1)=D_1E(k_1)=D_1\alpha\gamma(G-A_i) \tag{4-1}$$

式中，$E(K_1)$ 为知识转移的预期收益；D_1 为知识转移的要素投入量；$E(k_1)$ 为要素知识转移预期收益率；G 为网络内的总体知识存量；A_i 为网络内共有知识和节点 i 间的重叠知识；$G-A_i$ 构成了转移空间。

4.2.2 合作创新的预期收益函数

创新是一个依赖于知识生产活动的过程，合作创新的本质是通过合作进行知识生产，隐性知识流转网中新知识的生产是知识增长和传导的基础，林啸宇指出以知识生产函数来探讨知识网络中知识的增长是可行的[57]。20 世纪 70 年代末，国外相关学者开始对知识生产函数理论展开研究[58-61]，目前已经趋于成熟，其功能主要是研究知识生产过程中投入和产出的关系。Ngai 和 Samaniego 通过依据均衡增长路径的研究发现知识生产率增长和科学研究与试验发展（research and development，R&D）强度背后的关键因素是新知识在多大程度上依赖过去的知识[62]，由此得出知识存量是知识生产函数中的一个重要自变量。知识生产过程与其他生产过程一样，需要有各种要素的投入，但其又不同于其他产品的生产，创新活动的投入除了传统意义上的资源和经费外，知识生产是其中一个核心的思想[63]，即要素投入和有效知识存量是知识的两个基本生产要素，其模型也多借鉴经济增长理论中的 C-D 生产函数（柯布-道格拉斯生产函数，由查尔斯 • 柯布（Charles Cobb）和保罗 • 道格拉斯（Paul Douglas）提出）。

根据知识生产理论，建立合作创新的预期收益函数如式（4-2）所示，其形式为 C-D 生产函数，代表成员选择合作创新行为时投入要素的知识生产。考虑到节点能力存在差异，设计 δ 为知识创造系数，代表节点 i 和网络其余节点进行合作创新的产出能力，受制度、环境、结构、氛围以及专业分工和知识互补性等因素影响：

$$E(K_2) = D_2 E(k_2) = D_2 \delta (G - A_i)^a G_i^b \tag{4-2}$$

式中，$E(K_2)$ 为合作创新的预期收益；D_2 为合作创新的要素投入量；$E(k_2)$ 为要素合作创新的预期收益率；G_i 为节点 i 的私有知识存量；$G - A_i$ 为网络内与 G_i 不重复的共有知识存量；$0 < a,b < 1$ 为两种知识的产出弹性，体现了两种知识的重要性。

4.2.3　成员合作下的预期知识总收益

隐性知识流转网存在的意义是由于它是传导和创造知识（尤其是隐性知识）的有效载体，即成员可以通过知识网络提供的便利和赋予的权利进行有效的互动形成网络效应[64]。节点通过知识转移和合作创新，提高自身的知识存量，获得自身发展的动力，可以说知识网络是节点合作以获取知识的网络实体，通过各种形式取得知识收益是节点加入网络的根本目的。

网络内合作节点的知识总收益为知识转移获得的知识增量和合作创新获得的知识增量之和。总的要素投入量为 D，节点需要对 D 进行分配，以求获得最大的收益，$D = D_1 + D_2$。设要素对知识转移的投入比例为 ω_1，对合作创新的投入比例为 ω_2，则 $\omega_1 + \omega_2 = 1$。预期总收益 $E(K)$ 和预期收益率 $E(k)$ 如式（4-3）所示：

$$\begin{cases} E(K) = E(K_1) + E(K_2) = DE(k) \\ E(k) = \omega_1 E(k_1) + (1 - \omega_1) E(k_2) = \omega_1 \alpha \gamma (G - A_i) + (1 - \omega_1) \delta (G - A_i)^a G_i^b \end{cases} \tag{4-3}$$

成员的目的就是追求知识总收益 $E(K)$ 最大，在资源有限的条件下，如何进行合理的分配以获取自身最大的知识增量决定了成员的行为策略，我们以此为基础展开对成员合作行为策略选择的研究。

4.3　成员行为策略的选择分析

4.3.1　成员行为策略的总体分析

成员根据预期收益选择行为，以知识转移的角度为切入点进行分析，用预期收益率对 ω_1 求导，得到

$$\frac{\partial E(k)}{\partial \omega_1} = \alpha\gamma(G - A_i) - \delta(G - A_i)^a G_i^b \tag{4-4}$$

$\frac{\partial E(k)}{\partial \omega_1} > 0$ 时，ω_1 越大，$E(k)$ 越大，即增加知识转移的投入可以提高知识增量，此时节点的最佳决策是选择知识转移。

$\frac{\partial E(k)}{\partial \omega_1} = 0$ 时，节点选择知识转移和合作创新的收益是一样的，但考虑到创新的风险，节点依然应该选择知识转移。在同等收益下，节点要考虑到不确定性，尽量避免风险。

$\frac{\partial E(k)}{\partial \omega_1} < 0$ 时，ω_1 越大，$E(k)$ 越小，即增加知识转移的投入会降低知识增量，此时节点应考虑将资源投入合作创新行为中，节点可根据风险偏好进行投入的选择。

根据式（4-4），求 $\frac{\partial E(k)}{\partial \omega_1}$ 取值范围的条件，如式（4-5）所示：

$$\begin{cases} \frac{\partial E(k)}{\partial \omega_1} \geqslant 0 \Rightarrow \alpha\gamma(G - A_i)^{1-a} \geqslant \delta G_i^b \\ \frac{\partial E(k)}{\partial \omega_1} < 0 \Rightarrow \alpha\gamma(G - A_i)^{1-a} < \delta G_i^b \end{cases} \tag{4-5}$$

对式（4-5）进行分析，节点的吸收能力越强，关系嵌入程度越深，节点越应该增加知识转移的投入。最为关键的是转移空间的大小，当转移空间很大时，节点应选择知识转移，因为知识转移所获取知识的效率通常是高于知识创新的，此时节点具有技术追赶和模仿属性，在网络中大量汲取知识，以便实现知识的跨越式增长。当转移空间过小时，节点就不应该单纯地进行知识转移的行为了，而是应该考虑进行知识的合作创新，增加网络的知识存量。

节点的自身知识存量越高，创新能力越强，网络可供转移的知识空间越小，

节点越应该进行合作创新，此时节点具有技术领先的属性。对于知识存量高、能力强的节点，只有进行不断创新才能再增加知识增量，从而带动网络的知识创新，这也说明了网络内吸收高质量节点对提高网络发展空间的重要性。

4.3.2　考虑到知识创新风险的情况

知识转移是从网络内获取现有知识，具有确定性，可忽略其风险。创新是在原有知识的基础上创造出新知识，在现实情况中，创新活动具有复杂性和不确定性的特征。因此可以认为知识转移是无风险的，创新活动是有风险的。节点进行决策时需考虑到风险因素，如式（4-6）所示，σ_2 为合作创新的风险，σ 为总风险。

$$\begin{cases} E(k) = E(k_1) + \omega_2[E(k_2) - E(k_1)] \\ \sigma = \omega_2\sigma_2 \end{cases} \tag{4-6}$$

$\dfrac{\partial E(k)}{\partial \omega_1} < 0$ 时，合作创新的预期收益率高于知识转移的收益率，此时将要素全部投入合作创新可以获得最大的预期收益，但面临的风险也最大。将要素部分地投入知识转移行为中进行投资组合可以降低创新带来的风险。组合的预期收益率是以知识转移预期收益率为基础再加上风险补偿，风险补偿的大小取决于合作创新收益率与知识转移预期收益率的差值 $E(k_2) - E(k_1)$，以及合作创新的投入比例 ω_2。节点根据收益与风险的权衡，选择知识转移和合作创新的投入比例，其优化目标是按节点愿意接受的风险程度使预期收益达到最大，其参考公式如式（4-7）所示：

$$\begin{cases} \omega_2 = \dfrac{E(k) - E(k_1)}{E(k_2) - E(k_1)} \\ E(k) = E(k_1) + \dfrac{[E(k_2) - E(k_1)]}{\sigma_2}\sigma \end{cases} \tag{4-7}$$

对于网络整体来说，创新的风险越小，承受相同的风险可以获得越多的知识增量，此时节点应该加大对合作创新的投入（$\sigma_2\downarrow$，$\sigma \rightarrow \Rightarrow E(k)\uparrow \Rightarrow \omega_2\uparrow$）（$\downarrow$表示减小，$\rightarrow$表示不变，$\uparrow$表示增加）；同样，创新的风险越大，节点为了保持相同的风险水平，需要将合作创新的投入降得越低。这说明了当具有外部扶持、政策支持以及技术服务时（如政府制定政策提倡和鼓励创新，并对创新行为有所补偿），网络面临的创新风险性降低，节点应该利用这样的机会，积极进行创新活动。当外部环境复杂、多变，不确定性因素增多时，节点应该适当减少对创新的投入。具体到合作创新，当节点间具备知识及资源互补、相互协同的集成性优势时（如上下游产业链、交叉性学科、由于共同目标而组建的创新研究群体），合作创新面临的风险就会降低，此时节点可以积极地面对合作创新；如果节点知识水平差距较大、制度和文化极度不匹配，则需要谨慎对待合作创新。

不同的节点在经济背景、资源条件、科研实力、知识基础以及理念等方面存在差异，因此对风险会采取不同的态度。节点的风险承受能力越强，对失败的容忍度越高，则应该对合作创新的投入力度越大，此时节点的预期收益也越大（$\sigma\uparrow$，$\sigma_2 \to\Rightarrow E(k)\uparrow\Rightarrow \omega_2\uparrow$）。当节点期望获取稳定的知识增量，而不愿承担过高的风险时，应该对知识转移进行更高比例的投入。即风险偏好节点应该更多地进行合作创新，而风险规避节点则应该更多地进行知识转移。这解释了对于科技力量较强、经济实力雄厚、技术领先的节点往往采取以创新促发展的战略（如发达国家，行业领军企业、高科技企业）；而技术实力薄弱、基础差距较大的节点倾向于采取技术引进、技术改造、消化吸收或者模仿创新的发展策略（如发展中国家，中、小企业）。

4.3.3 成员合作行为策略选择模型的扩展

考虑更一般的情况，节点除了与网络内其他节点合作进行知识转移和合作创新之外，还可以选择自主行为，包括自主学习和自主创新。自主创新是指节点独立地、以自身知识为基础主动地进行知识创造，自主学习包括节点独立学习、网络外部学习以及干中学等内容。将要素投入自主行为中，可以分散采取单一行为的风险。$E(K_3)$为自主行为的预期收益，如式（4-8）所示，D_3为自主行为的要素投入量，$E(k_3)$为自主行为的预期收益率，β为自主学习能力，θ为自主创新能力。一般化的总预期收益率模型如式（4-9）所示，σ_1为知识转移的风险（假设创新有风险，知识转移相对稳定，可忽略其风险，故$\sigma_1 = 0$），σ_3为自主行为的风险，ω_3为对自主行为的投入比例，$\omega_1 + \omega_2 + \omega_3 = 1$。

$$E(K_3) = D_3 E(k_3) = D_3(\beta + \theta)G_i \tag{4-8}$$

$$\begin{cases} E(k) = \omega_1 \alpha\gamma(G - A_i) + \omega_2 \delta(G - A_i)^a G_i^b + \omega_3(\beta + \theta)G_i \\ \sigma^2 = \sum_{i=1}^{3}\sum_{j=1}^{3}\omega_i\omega_j\sigma_{ij} \\ \sigma_{ij} = \rho_{ij}\sigma_i\sigma_j, \quad i,j = 1,2,3 \end{cases} \tag{4-9}$$

投资学中有一个观点：不要将鸡蛋放到一个篮子里。节点在合作创新的同时，在自主创新和自主学习两方面均有所投入，一方面可以分散风险，另一方面可以获得主导性创新产权和主要创新收益。节点应首先构筑合作创新、自主创新和自主学习的有风险投入组合，实现风险的分散化；然后按照节点的$(E(k)/\sigma)$偏好将要素分投到无风险的知识转移和所构筑的有风险组合中。如果觉得风险过大，则可适当增大投资于知识转移的比例，对于投入的具体分配比例，可以参照 Markowitz 提出的资产组合理论[65]，这里不再做推算。

4.4　网络成员合作行为策略的例证分析

4.4.1　例证的简要介绍

本节通过对隐性知识流转网 T 的例证分析，进一步说明网络内合作成员的行为策略。隐性知识流转网 T 是由 5 个知识节点构成的合作网络，网络内的知识存量为 $G=30$，将 5 个节点按知识存量从低到高排列，分别命名为节点 A、B、C、D、E，各节点的属性情况如表 4-1 所示，分析合作条件下知识网络内节点的最优行为策略。

表 4-1　不同属性节点的实证数据

节点	G_i	A_i	α	γ	δ	β	θ	σ_2	σ_3	λ
A	5	5	0.05	0.5	0.04	0.03	0.02	0.8	0.9	12
B	8	6	0.06	0.5	0.06	0.04	0.03	0.7	0.8	8
C	12	10	0.07	0.6	0.07	0.05	0.03	0.6	0.7	9
D	15	13	0.08	0.6	0.07	0.04	0.04	0.5	0.7	15
E	20	18	0.08	0.7	0.09	0.05	0.04	0.4	0.5	12

简要分析表 4-1 可以看出，随着节点知识存量和重叠知识的增加，节点的知识吸收能力、关系嵌入强度逐渐增加。合作创新能力、自主创新能力及自主学习能力也有随着知识存量的增加而逐渐增加的趋势，体现了节点所拥有的知识存量是创新能力的重要基础性要素。同时，由于创新能力的提升，节点的创新风险具有逐渐下降的趋势。

4.4.2　对一般性节点的分析

首先根据式（4-1）、式（4-2）和式（4-8）分别计算节点参与知识转移、合作创新和自主行为的预期收益率，并计算合作创新和自主行为收益率的协方差 σ_{23}，其反映了在一个共同的周期中两种行为收益率变动的相关程度，如式（4-10）所示，ρ_{23} 为二者的相关系数，取 $\rho_{23}=0.6$，$a=b=0.5$。

$$\sigma_{23}=\rho_{23}\sigma_2\sigma_3 \tag{4-10}$$

对节点三种行为的收益和风险进行分析，由于节点 A 的知识存量较低，其知识转移的收益率要高于合作创新和自主行为的收益率，而且知识转移是无风险的，

因此节点 A 应将全部资源投入知识转移行为中，其预期收益率即为知识转移的收益率，面临的风险为0。

节点 B 和节点 C 的知识存量在网络中处于中等地位，其合作创新的预期收益率要高于知识转移和自主行为，并且合作创新的风险低于自主行为的风险，因此节点应将知识资源在无风险的知识转移和收益率最高的合作创新中进行分配。为了便于分析，令各节点的期望效用函数相同，如式（4-11）所示，λ 为节点的风险厌恶系数：

$$E(u)=f[E(k),\sigma]=E(k)-\frac{1}{2}\lambda\sigma^2 \tag{4-11}$$

计算知识转移和合作创新的最优投入组合，如式（4-12）所示：

$$\begin{aligned}&\max E(u)=E(k_1)+\omega_2[E(k_2)-E(k_1)]-\frac{1}{2}\lambda\omega_2^2\sigma_2^2\\&\Rightarrow\frac{\mathrm{d}E(u)}{\mathrm{d}\omega_2}=E(k_2)-E(k_1)-\lambda\omega_2\sigma_2^2=0\Rightarrow\omega_2^*=\frac{E(k_2)-E(k_1)}{\lambda\sigma_2^2}\end{aligned} \tag{4-12}$$

节点 B 的知识转移和合作创新收益率差异很小，因此其应将更高比例的资源投入知识转移中；和节点 B 相比，节点 C 的知识转移和合作创新收益率差异较大，并且由于知识存量的增加，合作创新的风险也变小，因此节点 C 应将更高比例的资源投入合作创新中。根据式（4-6）求得节点 B 和节点 C 的知识总收益率和总风险。

4.4.3　对优势节点的分析

节点 D 和节点 E 的知识存量在网络中处于优势地位，其中节点 E 处于绝对的领先地位。二者的自主行为收益率高于或略高于合作创新的收益率，合作创新的风险低于自主行为。因此节点为了分散风险，并取得创新收益的控制权，可以选择将资源投入合作创新和自主行为构筑的风险组合中。最优组合本质上是求解条件极值问题，求使无风险的知识转移和所构筑的有风险组合 N 所形成的资源分配线的斜率取得最大值的分配比例，如式（4-13）所示：

$$\begin{cases}\max K_N=\max\dfrac{E(k_N)-E(k_1)}{\sigma_N}\\ \text{s.t.}\ E(k_N)=\omega_2^N E(k_2)+\omega_3^N E(k_3)\\ \quad \sigma_2^N=(\omega_2^N)^2\sigma_2^2+(\omega_3^N)^2\sigma_3^2+2\omega_2^N\omega_3^N\sigma_{23}\\ \quad \omega_2^N+\omega_3^N=1\end{cases} \tag{4-13}$$

通过式（4-13），计算在合作创新和自主行为构筑的风险组合 N 中，合作创新的最优投入比例如式（4-14）所示：

$$\omega_2^N=\frac{[E(k_2)-E(k_1)]\sigma_3^2-[E(k_3)-E(k_1)]\sigma_{23}}{[E(k_2)-E(k_1)]\sigma_3^2+[E(k_3)-E(k_1)]\sigma_2^2-[E(k_2)-E(k_1)+E(k_3)-E(k_1)]\sigma_{23}} \tag{4-14}$$

通过式（4-14），求得节点 D 和节点 E 的最优风险投入组合 N 的结果如下：

$$\begin{cases}D:\omega_2^N=0.67;\omega_3^N=0.33;E(k_N)=1.15;\sigma_N=0.51\\E:\omega_2^N=0.33;\omega_3^N=0.37;E(k_N)=1.67;\sigma_N=0.43\end{cases}$$

节点投入组合的有效边界表达式为

$$E(k)=E(k_1)+\frac{E(k_N)-E(k_1)}{\sigma_N}\sigma \tag{4-15}$$

与式（4-12）同理，根据式（4-16）和式（4-17）求得最优的知识转移、合作创新和自主行为的投入比例：

$$\omega_N^*=\frac{E(k_N)-E(k_1)}{\lambda\sigma_N^2} \tag{4-16}$$

$$\begin{cases}\omega_1=1-\omega_N^*\\\omega_2=\omega_N^*\omega_2^N\\\omega_3=\omega_N^*\omega_3^N\end{cases} \tag{4-17}$$

节点 D 的知识存量优势使其合作创新的收益率要高于知识转移，并且风险也相对降低，因此其应将资源以更大的比例投入合作创新和自主行为。另外，由于其合作创新的收益率和自主行为的收益率非常接近，但风险却更小，节点 D 的风险厌恶程度是稍高的，因此节点 D 对于合作创新的投入应高于对自主行为的投入。节点 E 知识存量的绝对领先优势使其知识转移空间很小，创新行为的收益率要远远高于转移行为，相对于其他节点，节点 E 的创新能力很强，创新成功的可能性更高，其创新的风险远低于其他节点，因此只要其不是风险极度厌恶者就应将资源全部投入创新行为中。另外，由于节点 D 拥有网络内的大部分知识资源，自主创新可以使其方向性更明确，投入更有效，节点间摩擦和投入冗余更小，因此其自主行为的收益率要高于合作创新，但合作创新可以分散风险，因此节点应将更大的资源比例投入自主行为，余下的资源投入合作创新，以降低风险。根据式（4-9）求得节点 D 和节点 E 的知识总收益率和总风险。

4.4.4　综合分析结果

通过以上分析计算隐性知识流转网 T 内 5 个节点各种行为的收益率、风险及投入比例结果如表 4-2 所示。

表 4-2　综合分析结果

节点	$E(k_1)$	$E(k_2)$	$E(k_3)$	σ_{23}	ω_1	ω_2	ω_3	$E(k)$	σ
A	0.63	0.45	0.25	0.43	100%	0	0	0.63	0
B	0.72	0.83	0.56	0.34	72%	28%	0	0.75	0.20
C	0.84	1.08	0.96	0.25	25%	75%	0	1.02	0.45
D	0.82	1.12	1.20	0.21	15%	57%	28%	1.10	0.43
E	0.67	1.40	1.80	0.12	0	33%	67%	1.67	0.43

对表 4-2 的结果做简要分析，随着知识存量和重叠知识的增加，知识转移收益率具有先上升后下降的趋势，呈现倒 U 形；合作创新和自主行为的收益率随着知识存量的增加而逐渐提高，其中合作创新的收益率上升得较为平缓，而自主行为收益率的提升速度较快，产生的结果是在节点知识存量较低时，合作创新的收益率远高于自主行为，随着知识存量的增加，自主行为和合作创新的收益逐渐接近，在节点知识存量绝对领先时，自主行为的收益率要高于合作创新；在本例证中，节点的知识总收益率随着节点原有知识存量的提高而增加，体现了能力强的节点知识产出率更高，知识增加得也会稍快些；在节点对知识转移的资源投入高时，总风险是较低的，而在选择合作创新和自主行为时，尽管资源投入比例不同，但由于采取了分散风险的策略，不同情况下的总风险是比较接近的。

节点的最优行为策略是在知识存量较低时，选择知识转移行为；在网络中知识存量处于中等水平的节点应将一部分资源投入创新行为中，随着知识存量的提升对合作创新的投入逐渐增加；而网络中的知识存量较高的节点应将一部分资源投入自主行为中，进行自主创新和自主学习，增加网络的知识存量，知识存量处于中上等水平的节点可在知识转移、合作创新和自主行为中构筑投入组合，将更高的资源投入比例用于合作创新；而处于绝对领先优势的节点由于转移空间很小，可不进行知识转移行为，只选择合作创新和自主行为，并在自主行为上投入更多的资源。

4.5　本 章 小 结

在成员合作的条件下，隐性知识流转网的成员为了提高知识存量，将时间、精力、经费等要素投入知识转移、合作创新、自主学习和自主创新的行为上。成员在几种行为中进行选择和分配以获取最大的知识增量。当知识转移的收益率高于其他行为时，节点的最佳决策是将精力主要用于网络内知识的学习和获取。当合作创新的收益率高于其他行为时，节点应在收益和风险中进行权衡，根据自身的风险偏好和实力水平进行要素分配。构建合作行为和自主行为的组合可以分散风险，提高收益的稳定性。本章还得出以下启示。

一是知识转移收益率和重叠知识的关系呈倒 U 形，存在着使知识转移效率最优化的阈值。成员应选择在知识和技术上有重叠部分但又相互补充的合作伙伴构建隐性知识流转网，这样能保证有效吸收对方的知识并利用研发成果。

二是对于技术基础和科技力量薄弱的节点，采取技术引进和模仿、进行消化吸收的策略可以实现其知识存量的快速增长，忽视其自身研发实力而盲目投资是不可取的。

三是争取知识基础雄厚、经济实力强劲、研发能力强的高水平节点加入网络（即使有时候做出一定程度的让步）是具有重要意义的。它们可以提高合作创新的效率，并积极进行自主创新，提高网络的整体知识存量，拓展网络发展空间。

四是即使在合作的条件下，节点也应该采取一定程度的自主行为以分散风险，主动地进行技术学习和能力建设，取得创新收益的控制权。

第 5 章　隐性知识流转网成员合作过程中的知识融合和知识损失

5.1　成员合作中的知识融合和知识损失总体分析

隐性知识流转网具有成员隐性知识学习和知识创造两个核心功能。知识创造过程中的关键要素是成员间的知识融合，知识融合是合作创新的触发点，知识融合的效果直接影响到合作创新。知识学习是通过知识流转实现的，隐性知识流转网中的知识流动存在着无法避免的知识损失，知识损失的大小直接影响成员学习的效率和成本。本章拟对合作创新和知识学习中的两个核心点：知识融合和知识损失展开研究。

隐性知识流转网成员间知识的相互渗透和主体创造性思维的交互作用，通过综合视角整合成员的不同科学知识，融合异质性思维，以解决涉及学科领域广泛的复杂科学问题[66]，有效的知识融合是发挥网络优势的前提。不同成员间的知识融合是实现隐性知识流转网独特优势的关键，研究隐性知识流转网的知识融合机理并提出管理策略对推动网络知识流动和创新具有重要意义。隐性知识流转网成员的知识融合符合耗散结构理论，网络内部的知识整合过程中存在熵减机制、学科互补机制、耦合机制及触发机制。成员的知识融合分为科学知识整合和认知思维融合两个维度，可以基于知识融合过程中的系统熵和熵流，分析隐性知识流转网的知识融合机理，为建立隐性知识流转网成员合作创新的运行机制提供思路。

隐性知识流转网成员合作的复杂性和隐性知识的默会性使成员合作的过程存在不可避免的知识损失，知识损失的存在大大降低了错时空合作的有效性，如何减轻合作过程中的知识损失逐渐成为网络型组织知识管理的难点问题。按照合作情境，可将隐性知识流转网中的成员合作划分为面对面合作和错时空合作，时空交错的成员合作比传统面对面成员合作的知识损失大得多，情况复杂得多，在现代信息技术的支持下，网络型知识组织成员跨越时间和空间的隐性知识交互逐渐成为一种常态，为了更好地分析成员合作知识损失，本章拟对具有复杂性的错时空成员合作知识损失进行深入研究。关于错时空的知识流动、转移、共享等合作行为的研究最早出现在虚拟团队的相关研究之中[67]，目前研究主要聚焦于两条主线：一是从信息科学、人工智能、传媒技术层面探讨跨时空知识流转的实现方法[68, 69]；二是从人文社科和管理学层面研究跨时空知识流转的过程、模式、影响因素及制度环境，探讨知识管理的方法途径[70-72]。相关研究为本章奠定了基础，但对成员合作过程中的隐性知识损失及其弥补问题目前研究涉及较少。本章拟对隐性知识流转网成员错时空合作的知识损失模型进行研究，并根据研究结论提出减轻知识损失的对策建议。

5.2　成员合作创新中的知识融合

5.2.1　隐性知识流转网成员合作创新中的知识融合概述

隐性知识流转网成员间的知识创新合作首先是合作主体知识的融合，在此基础上产生新知识。知识融合是运用科学的方法，将不同类型的知识和方法（包括自然科学和社会科学）、不同的认知思维模式在不同层次上有机结合起来，进行综合和集成，使原有知识体系得到重构，形成团队新的核心知识体系，从而进行知识构建和知识创新的过程[73]。广义上的成员知识融合分为学科知识整合和认知思维融合两个维度。在这一过程中零散知识、新旧知识、显性知识和隐性知识科学地融合，在网络内部形成统一的新知识结构和体系，呈现出系统性、条理性和集成性[74]。成员知识融合伴随的是系统内知识自组织式的运动，是对不同来源、层次、结构的隐性知识流转网内外部知识流动、吸收、转化的动态过程：在网络内部，成员间的知识进行整理、融合、适应和优化；在网络外部，多学科知识进行选择、控制、吸收和融入。隐性知识流转网在知识的这种运动中形成自身独有的优势，不断提高创新能力。

5.2.2　隐性知识流转网知识融合过程的耗散结构特性和演化机理

耗散结构理论可总结为：一个远离平衡态的非线性开放系统在持续与外部环境进行能量和物质交换的过程中，系统内参量变化到某一阈值，从而经过涨落而发生突变，最终由原系统的混沌无序达到一个在时空或功能上有序的状态，要维持这种有序状态下的稳定结构，需要系统持续地与外部环境进行能量交换，因此称为耗散结构[75]。开放系统、远离平衡态、非线性、涨落四个要素为耗散结构的形成条件，具备这四个形成条件就可以说系统具备耗散结构特性[76]。隐性知识流转网的知识融合符合耗散结构的形成条件，具备耗散结构特征。

1. 隐性知识流转网知识融合的开放性特征与熵减机制

隐性知识流转网通过建立广泛的连接与交叉连接，将相互关联的各学科知识、信息、技术及人才、物质、组织等载体整合在一起，在网络内部和外部不断进行知识的输出、输入、整合，进而实现知识创新。这种通过信息流、知识流形成的内、外部系统能量交换，使隐性知识流转网在本质上具有了开放性。正是隐性知识流转网具备的这种开放性将各成员知识不断纳入网络知识结构体系，从而使网络知识管理系统有序演进，保证网络的知识创新优势和能力。隐性知识流转网的开放性达到一定阈值后，在系统的熵减机制的作用下，网络知识系统开始向耗散结构转化。通常情况下，封闭式网络随着时间推移，伴随着同质性知识逐渐增多，网络知识系统的熵值不断升高，混乱程度增加。隐性知识流转网营造的开放性，为不同学科、组织间的知识交流提供了平台，随着不同学科异质性知识源源不断地流入系统，隐性知识流转网知识融合系统的负熵增加，系统总熵值不断减少，逐渐走向稳定的有序结构。

2. 隐性知识流转网知识融合的远离平衡态特征与学科互补机制

Prigogine 和 Nlcolis 提出“非平衡是有序之源”[77]。平衡态是系统内各处宏观参数完全一致的状态，在近平衡态，由于运动和变化微小，任何新的结构和组织难以形成。与之对应，远离平衡态是指系统内可测的物理性质极不均匀的状态，其判断标准是系统内各部分是否均衡一致，即系统各组成部分之间的差异性。隐性知识流转网各成员知识的异质性，使网络知识系统在知识融合的过程中处于极不稳定的状态，成员知识要素流动和变化剧烈而频繁，从而系统更容易进化，演化出新的知识体系，形成耗散结构。Nonaka 指出知识是通过综合组织内部资源和环境间的矛盾而被创造出来的[78]，隐性知识流转网由互补性质的多元成员知识组成，这一属性使其在本质上具备创造知识的“矛盾”，成员知识融合的过程正是将“矛盾”相互综合、共同作用从而产生新知识的过程。

3. 隐性知识流转网知识融合的非线性特征与耦合机制

系统内的线性作用是各组成要素特性的简单叠加，不会使系统发生质的变化。非线性作用是系统内各要素较为复杂的作用方式，各要素相互作用、相互制约，通过要素耦合而产生倍增的整体效应，从而推动系统宏观特性的演化。隐性知识流转网通过成员的相互协调和促进作用，使知识整合和知识创新不是简单地以完美的线性方式出现，而是以要素间一种复杂的自组织式的相互耦合和反馈形式出现[79]，各成员知识相互联结和渗透，以一种“契合性”或“参同性”的关系特征参与到知识融合和创新，在此过程中形成网络知识系统的有序结构。隐性知识流转网中具有互补性的成员知识由于创新性任务而建立起非线性的联系，成员的知识通过这种联系进行流动、整合、交叉和互动，并衍生出新知识，产生网络的整体效应。各知识主体通过隐性知识流转网这一平台组成系统，就出现了单个成员所不具备的性质，这种性质在网络知识系统走向更高层次时表现出来，使系统涌现出新质。

4. 隐性知识流转网知识融合的涨落特征与触发机制

涨落指系统受到随机扰动时发生的对现有状态的一种偏离，通过对系统整体的对称性造成长时间的破坏导致系统结构的有序演化，它代表了系统随机探索新结构的一种趋势。系统在远离平衡态时，即使微小的涨落也会由于非线性作用的放大而使系统状态发生剧烈的改变（即突变），演进到新的有序结构。隐性知识流转网的成员知识融合就是在适应外界环境的情况下，各成员知识通过交叉、融合，探索新知识的过程，其必然引起网络内部知识系统的涨落，这种涨落是网络使各成员知识系统化、条理化，并在达到一定阈值时创造新知识的契机。隐性知识流转网内部异质性知识形成的非平衡状态和各成员知识之间的非线性作用，以及由于网络开放性营造的外部环境条件使系统持续地获取新知识产生负熵，网络内部系统结构与外部系统环境综合集成，诱导网络知识系统不断发生混沌运动，综合各种作用关系使网络知识系统发生突变，最终各成员知识在整体上呈现出层次性和秩序性，产生单一学科无法具备的整体功能，并创造出新的知识。

5.2.3　隐性知识流转网知识融合的耗散结构演化模型

隐性知识流转网知识管理系统具有自组织的特性，其知识融合具备耗散结构特征。隐性知识流转网知识融合可以分为成员科学知识整合和认知思维融合两个维度。科学知识包括学科知识、组织知识等内容；认知思维包括思维方式、价值观、文化等内容。隐性知识流转网知识融合就是要不断吸纳异质性的学科知识和新的思维模式，与外界进行能量交换，发生系统的熵变。熵是复杂系统混乱、无序程度的度量。分析隐性知识流转网知识融合过程的熵变可以进一步分析其知识融合机理。

1. 定义隐性知识流转网知识系统的熵及熵变

$$S = S_K + S_T = f(K, E, t, C) + g(T, E, t, C) \tag{5-1}$$

式中，S 为隐性知识流转网知识系统的总熵；S_K 为网络的科学知识系统熵；S_T 为认知思维系统熵；f、g 为系统熵函数；K 为科学知识；T 为思维模式；E 为资源相对于网络的科研价值；K、T、E 均为时间 t 的函数；C 为系统状态变量（常量）。

$$\mathrm{d}S = \mathrm{d}S_K + \mathrm{d}S_T = (\mathrm{di}S_K + \mathrm{de}S_K) + (\mathrm{di}S_T + \mathrm{de}S_T) \tag{5-2}$$

式中，$\mathrm{d}S$ 为总熵变；$\mathrm{d}S_K$ 为科学知识系统熵变；$\mathrm{d}S_T$ 为思维模式系统熵变；$\mathrm{di}S_K$ 为科学知识熵产生；$\mathrm{de}S_K$ 为科学知识熵流；$\mathrm{di}S_T$ 为思维知识熵产生；$\mathrm{de}S_T$ 为思维模式熵流。

2. 定义隐性知识流转网知识系统输入熵

为了便于分析，把隐性知识流转网的科学知识整合和思维融合统一起来，换算成相应的科研价值，根据熵的基本特征定义系统的输入熵 $Q(S)$：

$$Q(S)=Q(S_K)+Q(S_T)=K/E+T/E=(K+T)/E \tag{5-3}$$

因为 K、T、E 均为时间 t 的函数，对式（5-3）两边求时间 t 的导数：

$$\frac{\mathrm{d}Q(S)}{\mathrm{d}t}=\frac{\mathrm{d}[(K+T)/E]}{\mathrm{d}t}=\frac{1}{E}\frac{\mathrm{d}K+\mathrm{d}T}{\mathrm{d}t}-\frac{\mathrm{d}E}{E^2}\frac{K+T}{\mathrm{d}t} \tag{5-4}$$

代入式（5-2）：

$$\frac{\mathrm{d}Q(S)}{\mathrm{d}t}=\frac{1}{E}\frac{\mathrm{d}K}{\mathrm{d}t}+\frac{1}{E}\frac{\mathrm{d}T}{\mathrm{d}t}-\frac{\mathrm{d}E}{E^2}\frac{K}{\mathrm{d}t}-\frac{\mathrm{d}E}{E^2}\frac{T}{\mathrm{d}t} \tag{5-5}$$

把式（5-5）改写为差分方程的形式：

$$\frac{\mathrm{d}Q(S)}{\mathrm{d}t}=\left[\frac{(\mathrm{d}K)_D}{E}-\frac{(\mathrm{d}K)_A}{E}\right]+\left[\frac{(\mathrm{d}T)_D}{E}-\frac{(\mathrm{d}T)_A}{E}\right]-\frac{S_K}{E}\frac{E_D-E_A}{E}-\frac{S_T}{E}\frac{E_D-E_A}{E} \tag{5-6}$$

$$\Delta Q(S)=[Q(K)_D-Q(K)_A]-Q(K)\frac{\Delta E}{E}+[Q(T)_D-Q(T)_A]-Q(T)\frac{\Delta E}{E} \tag{5-7}$$

式中，A 代表初状态；D 代表末状态；$Q(K)_D-Q(K)_A$ 为学科知识在隐性知识流转网内部产生的熵，即 $\mathrm{di}S_K$；$Q(T)_D-Q(T)_A$ 为思维模式在隐性知识流转网内部产生的熵，即 $\mathrm{di}S_T$；$-Q(K)\frac{\Delta E}{E}$ 为开放系统中隐性知识流转网内部科学知识与外界环境交换进行知识整合的熵流，即 $\mathrm{de}S_K$；$-Q(T)\frac{\Delta E}{E}$ 为开放系统中隐性知识流转网内部思维模式与外界环境交换进行思维融合的熵流，即 $\mathrm{de}S_T$。

3. 推导隐性知识流转网知识系统整体熵值

根据式（5-2）及香农熵理论进一步推导：

$$\mathrm{di}S_K=Q(K)_D-Q(K)_A=C_K\sum_{i=1}^{n}P_{Ki}\ln P_{Ki} \tag{5-8}$$

$$\mathrm{de}S_K=-Q(K)\frac{\Delta E}{E}=-C_K\sum_{j=1}^{m}P_{Kj}\ln P_{Kj} \tag{5-9}$$

$$\mathrm{di}S_T=Q(T)_D-Q(T)_A=C_T\sum_{i=1}^{n}P_{Ti}\ln P_{Ti} \tag{5-10}$$

$$\mathrm{de}S_T=-Q(T)\frac{\Delta E}{E}=-C_T\sum_{j=1}^{m}P_{Tj}\ln P_{Tj} \tag{5-11}$$

$$\mathrm{d}S=\Delta Q(S)=\mathrm{d}S_K+\mathrm{d}S_T=(\mathrm{di}S_K+\mathrm{de}S_K)+(\mathrm{di}S_T+\mathrm{de}S_T) \tag{5-12}$$

式中，C_K 为知识整合熵系数；C_T 为思维融合熵系数；i, j 为成员数，隐性知识流转网内部学科总数为 n，外部环境与网络交互学科总数为 m；P_{Ki}、P_{Kj} 为每个成员的科学知识整合影响隐性知识流转网整体知识系统熵变的概率；P_{Ti}、P_{Tj} 为每个成员的思维模式融合影响隐性知识流转网整体知识系统熵变的概率。

对于隐性知识流转网，负熵流 d_eS 主要是网络在外部环境中异质性知识的交叉、碰撞、融合、转化，不断提高网络的整体功能，各成员协调互补，各要素协同发展，伴随着各成员的知识流、信息流的持续输入、输出，成员创新能力和科研能力持续提高，成果不断产出，隐性知识流转网运营良好。熵产生 d_iS 主要是隐性知识流转网系统内部不可逆过程产生的熵增加，如网络内部成员配置和利用不合理；成员间冲突或差异大，难以相互适应；网络运营成本过高；创新效率低下等，隐性知识流转网趋于瓦解和崩溃。

5.2.4　对耗散结构模型的分析

这里隐性知识流转网知识系统的演化指系统自组织过程中成员科研和创新能力的时间函数，随着系统熵的变化而演化，在此过程中分析隐性知识流转网知识系统的耗散结构性。下面根据以上推导讨论隐性知识流转网内部系统所处的三种情况。

1. $\Delta Q(S) < 0$

$\Delta Q(S) < 0$ 表明隐性知识流转网与外部环境的知识整合和思维融合产生的输入熵流大于网络内部知识混沌运动产生的熵，说明隐性知识流转网向着有序的方向发展，各成员优势互补、相互协同，呈现出整体优势，通过成员的知识融合使网络原有的知识体系得到重构，网络和成员形成新的知识结构，成员科研能力得到提升。这时的隐性知识流转网由于能够进行有效的成员间知识的交叉、融合、适应、相互吸收、转化，而使网络处于高速发展、整体涌现性充分发挥、创新能力持续增强的状态。

2. $\Delta Q(S) > 0$

$\Delta Q(S) > 0$ 表明输入隐性知识流转网的熵流之和小于隐性知识流转网内部熵产生之和，存在以下三种情况。

（1）$\mathrm{d}S_K$ 和 $\mathrm{d}S_T$ 均大于零，表明知识整合和思维融合的输入熵都小于系统内的熵产生。成员相互间互补性、协同性差，呈现出负效应，知识融合效果欠佳；成员间的思维方式上存在冲突，很难融合在一起，相互启发性小。

（2）$\mathrm{d}S_K$ 小于零，$\mathrm{d}S_T$ 大于零，并且 $|\mathrm{d}S_K| < |\mathrm{d}S_T|$，表明知识整合效果较好，但思维方式、思考角度的融合困难，科学知识整合的效果不能抵消思维模式混沌的熵产生，网络整体上思维的混乱和冲突使知识融合产生的效应难以发挥。

（3）dS_K 大于零，dS_T 小于零，并且 $|dS_K| > |dS_T|$，说明成员思维模式间的碰撞能够产生新的想法和思路，产生使系统有序的熵流，但成员知识间无序的知识整合的熵产生过大，成员知识难以有效地融合和适应，相互转化和吸收困难。

总之，以上三种情况都导致隐性知识流转网难以向有序的方向发展，而是向着无序的混乱平衡态方向发展，隐性知识流转网的科研能力逐渐衰退，产生很多无意义的冗余和协调成本，创新能力减弱，在一段时间后将导致网络解体。应该对成员加以筛选，否则隐性知识流转网成员间的交互反而降低了网络的创新能力。

3. $\Delta Q(S) = 0$

$\Delta Q(S) = 0$ 表明隐性知识流转网内部的熵产生和知识融合熵流相等，隐性知识流转网处于某种特殊的平衡状态，即网络创新能力维持在一个稳定的状态。但如果不进一步提高成员间的知识整合效果，熵流就不能有效抵制网络内部的熵产生，各成员知识难以充分发挥，那么隐性知识流转网也将走向无序，网络由于内部的混乱，创新能力持续下降。此时，隐性知识流转网应根据实际情况，采取措施，使系统向着有序的方向发展。

5.2.5　隐性知识流转网知识融合的管理启示

通过运用耗散结构理论对隐性知识流转网知识融合机理进行分析，可以看出知识整合效果和效率主要受到三个方面的影响和制约：首先是隐性知识流转网的初始能力，网络的初始状态决定了知识整合、吸收、转化的能力；其次是成员的相互作用关系，即成员间的关联、协调和互补性；最后是外部环境及资源对网络的作用，即系统的开放性。这对促进隐性知识流转网进行良性的组织演化、形成稳定有序的知识结构有以下管理启示。

1. 隐性知识流转网对知识资源充分利用的基本保障具有开放性

隐性知识流转网要想能够有效地发挥成员优势，应建立与外界保持紧密联系和互动交流的开放机制，为成员吸收异质性知识、提升认知思维能力、活跃思想、更新观念提供丰富的来源和广阔的平台。开放性也使成员的创新活动能够面向社会需求、面向应用领域。开放性需要网络有对成员进行知识管理的意识和职能，对知识进行有效的搜寻、识别、吸收和管理，创建面向知识的运作机制。

2. 隐性知识流转网应注重成员间的互补与协同，以提高知识融合效果

隐性知识流转网成员间的非线性作用关系包括正反馈和负反馈两个方向，即成员间既存在倍增效益，也存在限制增长的饱和效应。不同类型的知识及成员因

差异性不可避免地存在着矛盾和冲突，因此要发挥网络整体性和系统性功能，应根据项目需要和知识关联性，有针对性地提高成员间知识的互补性、适应性和协调性。在网络组建和运作过程中应围绕核心竞争力进行成员选择和优化，注重成员间的联系，通过知识管理和优化机制，动态地进行成员知识的筛选、融合和转化，推动成员围绕创新需求建立起紧密的扁平式联系。

3. 对成员知识融合过程进行动态控制，诱导、放大知识融合效果

知识系统的突变虽然是随机发生的，但在系统形成有序结构时有效的知识管理依然可以起到积极的作用。在成员间相互作用（内因）和外部环境条件（外因）双重作用下进行的知识融合混沌运动背后隐藏的是确定性秩序。应对成员知识融合进行管理和控制，以推动有序结构的产生。通过对成员知识相互作用的过程和效果进行深度挖掘和实时监控，寻找知识系统发生突变的诱因，对形成稳定结构演化的要素应加强，对离散弱化的因素要及时消除，放大成员的协同作用，通过引起、控制成员知识间融合推动网络知识系统跃迁到新的稳定结构，产生新的知识体系，从而实现跨越式创新。

4. 加强网络文化建设，培养成员协同创新及知识融合氛围

将网络文化和共同目标作为成员的黏合剂，在制度设计上使成员知识融合和协同创新形成惯例。在网络内部举办日常性的组会及讲座，制定网络的知识地图，使成员对网络内部的知识结构和布局有清晰、明确的认识。以制度加强成员间的沟通交流，经常性地举办头脑风暴、各种研讨会，营造网络内的沟通氛围，搭建知识整合平台，促进成员思维融合负熵的形成。建设学习型组织文化，创造鼓励合作的科研环境，减少因价值观差异、意见分歧等产生的熵增。以软实力凝聚网络内部知识资源，营造知识融合的环境条件。

5.3　隐性知识流转网成员错时空合作的知识损失

5.3.1　隐性知识流转网成员错时空合作的内涵和举例

随着远程视频、在线媒体、网络传输、集成智能代理系统，以及微信、微博、Twitter、Facebook 等社交媒介为代表的现代信息技术的发展成熟和广泛应用，具有隐性知识流转功能的网络型结构组织中，成员跨越时间和空间的错时空合作已经逐渐成为新常态[80]。隐性知识流转网的成员合作包括隐性知识的转移、共享、整合、创造等知识行为，也是合作双方对隐性知识复制、传递、接收、学习，进而有所创造的完整过程。错时空的成员合作是指合作双方在不同时间和空间情境

下的交互实践，凭借现代信息技术和媒介，成员可以实现在不同时空中语言上的研讨对话、行为上的观察模仿、心理上的感知体会，以及实践上的操作演练。

根据成员合作发生的特定时空差异，可以将成员错时空合作分为以下三种情况。

（1）不同时间的知识合作。例如，电子化办公：通过企业或者政府部门内部的自动化办公系统，业务双方可以不用面对面，在不同的时间登录系统，实现同一区域（公司、部门）的信息共享、流程审批、业务沟通等合作，通过手机、平板电脑等移动设备在系统中随时随地地进行流程互访、处理业务数据、查看权限范围内的文件、有效获得整体信息。进一步可发展为多成员协同办公（第三种情况），如多分支机构的移动办公模式。

（2）不同物理空间的知识合作。例如，农业远程病虫害诊断：在田地中的农民通过远程诊断和呼叫系统以及智能代理技术可以和在城市中的农业专家合作，对玉米、蔬菜或者果树的农业病虫草害进行诊断和治疗。同理，还有远程手术指导与示教：美国的医疗专家和中国的学员合作，通过网络高清视频、音频、图像的远程传输，实现对手术过程不同空间的观摩学习或手术指导，手术过程中会诊室专家与手术室医师、教室学员进行音视频双向交流，指导手术顺利进行。

（3）不同时间和空间上的知识合作。本质上是第一种和第二种情况的特例，如第二种情况的远程病虫害诊断，通过将病虫害信息采集、存储、传输给农业专家，专家在适当时间观察视频、音频，诊断后再反馈给农民。又如，舞蹈演员和杂技演员的训练，可以对知名舞蹈艺术家的表演进行全程高清多角度录制存储，通过现代记录设备可以使隐性的舞蹈和杂技技巧错时空还原再现，学员可以在教练的帮助下，在示教中心细微观察、反复模仿、感悟体会，通过不断模仿练习得以掌握。高级工匠的隐性技能同样可以通过信息技术实现错时空对学徒的培训，高级工匠可以进一步在现场对视频中自身的动作技巧进行还原和讲解示范，以加强培训效果。

5.3.2 成员错时空合作的影响因素

根据隐性知识的自身属性和错时空的情境特殊性，考虑影响成员错时空合作质量的关键因素为以下三个方面。

1. 情境依赖性

情境依赖性体现了成员自身的知识相关性。隐性知识具有高度情境化的嵌入性特征[81]，这种对情境的依赖性称为知识黏性。结合 Nonaka 和 Krogh 对隐性知识的分类[82]，从技能和认识维度可将隐性知识划分为技能型、认知型、情境型和混合型四类。

技能型：那些在大量工作实践中积累的，基于工具和身体运用的，难以掌握的技巧、经验和诀窍等。例如，高级工匠长期日积月累从事某种工作，形成的习惯性技巧。

认知型：那些在长期生活和思考中形成的，基于个体思维和情感的，根深蒂固的价值观、信仰、洞察力、直觉、灵感、心智和思维模式等。这类知识对认识世界有深入的影响。

情境型：那些嵌入情境中分散在组织里的，基于背景环境、语义语境的，难以明确表达的社会习俗、团队默契、组织文化、隐喻、象征等。这类知识很难脱离组织而存在。

混合型：那些复杂的、同时存在以上多种情况的知识，这类复合的隐性知识是几种类型中最难以编码、识别和流转的。

无论哪一类隐性知识，均存在不同程度的知识黏性，反映的是知识内部的相关关系。知识网络内的隐性知识流转、合作创新等成员合作行为需要在实践情境中领悟，在真实环境中进行，错时空合作是通过成员行为与特定情境的动态交互过程显现的。

2. 知识共振性

知识共振性体现了成员之间知识的相关性。成员个体在历史累积下形成了自身的知识体系和模块化的知识存量[83]，在网络成员各自的知识体系中会存在一部分重叠知识，以及不同相似程度的价值观、思维方式、组织文化等。在合作双方的错时空多维互动中，这种具有不同吻合程度的知识体系会在相互交流、模仿、观察、感悟以及实践中得到认同、共鸣和响应，并消除错时空合作中的知识“噪声”[84]，使无序的知识交叉碰撞逐步进入有序状态，这就是成员合作的知识共振效应。合作双方的知识共振放大了成员合作的力量，形成合作双方的整体协同效应，使成员错时空合作呈现出一定程度的稳定状态，直接弥补了合作中的知识损失。

3. 媒介还原性

成员错时空合作需要借助远程视频、在线媒体等现代信息技术才能实现。凭借依托于现代信息技术的媒介能够将难以表达、记忆和捕捉的隐性知识行为进行存储、复制、还原和再现[85]。只有通过反复细致观察、多视角分层次分解、局部放大或旋转等手段对媒介的异时空隐性知识和行为进行原态再现，才能有效地实现成员在不同时间和物理空间的合作。媒介还原性决定了错时空成员合作行为能否清晰呈现，能否使合作者准确感悟、有效配合，保持技术信息的标准化和流程的一致性，成员通过媒介的还原不断调试、逐渐适应，形成合作业务流程，这是错时空成员合作的特殊性所在。

5.3.3 成员错时空合作知识损失的生态模型

网络中错时空的成员合作会存在知识损失，一部分隐性知识会在跨越时空的运作过程中流失、遗忘，在知识复原中也可能失败。同时，由于知识主体间的知识关联和信息媒介的还原会使损失的知识在一定程度上降低和恢复，将成员看作具有完整知识体系的知识种群，合作过程中网络内成员隐性知识体系会发生彼此的互动、传承、竞争和演化，这一过程可借助 Kobayashi 和 Yamamure 提出的种群生态经典模型进行描述[86]。

成员合作的知识量为K，在错时空合作中知识损失比例为 l，由于成员 A 和成员 B 的知识相关性，合作过程中损失的知识一部分可以通过成员间关联知识的交叉、重叠、共振而得以部分恢复和补充，记为$lKR_{A\to A,B}$，其中 $R_{A\to A,B}$ 表示成员双方全部知识和成员 A 的知识相关性；同时，由于信息媒介功能的存在，可以通过信息媒介存储、捕捉、记录隐性知识细节，也能够使损失的部分知识得以还原和重构，概率为$f(m)$，其中$m(0<m<1)$为媒介还原度，衡量媒介还原性的大小，$f'(m)>0$。媒介还原的知识会有一部分和知识共振恢复的知识重复，从而导致挤出效应和产生同质性倾向，记为$lKf(m)R_{B\to A,B}$，其中 $R_{B\to A,B}$ 表示成员双方全部知识和成员 B 的知识相关性。

网络内成员错时空合作产生的知识损失在经过成员间知识共振和媒介还原后，知识的实际变化量为ΔK：

$$\Delta K = Kl[-1 + R_{A\to A,B} + f(m) - f(m)R_{B\to A,B}] \tag{5-13}$$

对 $R_{A\to A,B}$ 和 $R_{B\to A,B}$ 进行分解，可以表示为

$$\begin{cases} R_{A\to A,B} = \omega R_{A\to A} + (1-\omega)R_{A\to B} \\ R_{B\to A,B} = \omega R_{B\to A} + (1-\omega)R_{B\to B} \end{cases} \tag{5-14}$$

式中，$R_{I\to J}(0<R_{I\to J}<1)$为知识成员 I 和成员 J 的知识相关性，$I=J$ 时表示成员自身知识相关性，即情境依赖度；ω 为不考虑媒介和考虑媒介还原合作知识量的比例，即

$$\omega = \frac{1-l}{1-l+f(m)l} \tag{5-15}$$

网络成员合作达到理想的稳定状态是尽管合作存在知识损失，但通过成员间知识共振恢复和信息媒介还原得以完全弥补，即$\Delta K=0$，令l^*表示达到理想稳定状态时的知识损失率，$\omega^* = \omega_{i=l^*}$，根据$\Delta K=0$，求解$\omega$，得

$$\omega^* = \frac{1-f(m)+f(m)R_{B\to B}-R_{A\to B}}{R_{A\to A}+f(m)R_{B\to B}-R_{A\to B}+f(m)R_{B\to A}} \tag{5-16}$$

由于 $R_{A\to B}$ 和 $R_{B\to A}$ 均表示成员 A 和成员 B 之间的知识相关性，即知识共振度，可统一记为 R_d，即 $R_d = R_{A\to B} = R_{B\to A}$；同时令合作双方自身的知识相关性系数相同，记为 R_s，即 $R_s = R_{A\to A} = R_{A\to B}$，则有

$$\omega^* = \frac{1 - R_d - f(m)(1 - R_s)}{[1 + f(m)](R_s - R_d)} \tag{5-17}$$

分别对式（5-17）关于 R_s 和 R_d 求导得

$$\frac{\partial \omega^*}{\partial R_s} = \frac{[1 - f(m)](1 - R_d)}{[1 + f(m)](R_s - R_d)^2} < 0 \tag{5-18}$$

$$\frac{\partial \omega^*}{\partial R_d} = \frac{[1 - f(m)](1 - R_s)}{[1 + f(m)](R_s - R_d)^2} > 0 \tag{5-19}$$

根据 ω 是关于 l 的递减函数得到

$$\frac{\partial l^*}{\partial R_s} > 0, \quad \frac{\partial l^*}{\partial R_d} < 0 \tag{5-20}$$

这表明在一定的媒介还原度下，l^* 随着 R_s 的增加而逐渐增加，随着 R_d 的增加而逐渐减少。通过以上分析可得出如下命题。

命题 1：网络成员错时空隐性知识合作的知识损失与成员自身知识的情境依赖性正相关，成员自身的知识依赖度越高，知识流转过程中的知识损失越大，情境依赖是成员隐性知识合作面临的一种阻力。例如，民间小剧场的演出录制，舞蹈学员很难领悟、体会其中的默契和内涵，因为这种小剧场有自身的文化和氛围，简单模仿很难取得同样的效果；而标准的舞蹈训练室的规范录制，因为存在情境兼容性，原态再现的程度高，知识损失要明显比小剧场少。

命题 2：网络成员错时空隐性知识合作的知识损失与成员之间的知识共振性负相关，成员之间知识共振程度越大，知识流转过程中的知识损失越小。例如，农业远程病虫害诊断过程中和城市科研院所农业专家的视频联系与配合，农村农业技术员要比普通农民效果要好，因为技术员和专家之间有更强的知识共振，能够更好地解释、领会、贯通相关问题，并能做出自己的判断，因此农业专家传递知识的损失就会大大降低。

命题 3：网络成员错时空隐性知识合作的知识损失与现代信息手段的媒介还原性负相关，信息媒介的还原程度越高，知识流转过程中的知识损失越小。例如，要想实现国际知名医疗专家对手术的远程指导，必须具备全景高清摄像机和编码解码器，高清还原手术场景、可靠稳定的续航支持、智能海量的手术归档存储，才能够使专家的远程指导得以原态呈现，若不具备这样的条件，失败的概率将大大增加。

5.3.4 减少成员错时空合作知识损失的对策建议

根据前面模型的分析，为了减少隐性知识流转网成员错时空合作的知识损失，可采取以下对策。

1. 降低成员的知识黏性

尽管知识黏性是隐性知识固有的属性，但是仍然可以通过一些社会化手段在一定程度上降低它。加强对知识主体隐性知识的总结、整理和规范化处理，将隐性知识科学归类和有效整合，在深度分析和判别知识属性的基础上，进行格式化转换和降维编码，使隐性知识逐步成为能够传递的编码化语言，使隐性知识在合作双方间实现一定程度的显性化。

2. 加强合作的情境兼容性

知识网络内的隐性知识流转、合作创新等成员合作行为需要在实践情境中领悟，在真实环境中进行，通过创造具有兼容性的共有情境来降低成员合作的知识损失。促进网络内形成共同文化、基本信念、行为准则，协调成员彼此间的错时空合作行为，以便更容易领悟和理解对方的行为、语言和目标，在一定范围内保障错时空的成员合作系统按既定的目标和流程运行。

3. 提高网络的焦点聚集性

网络内部知识的分布是不均匀的，以知识节点为载体，形态分散地错落在网络空间中，焦点聚集性是指网络隐性知识的聚类程度和节点间的匹配程度[87]。通过网络治理机制，在不同的时空中将彼此属性关联的知识链接融合，降低网络知识的离散程度，加强成员知识的匹配互补，促进网络在知识的流转、共享和创新活动中进行自组织演化，依靠知识的聚类促进合作界面的模块化，放大网络的关键领域和核心业务知识，更好地实现合作战略目标。

4. 加强成员合作的驱动力

以正式或非正式的契约、制度和组织规范来约束和激励成员合作行为，促进成员的紧密联系，提高网络的稳定性，加强成员对于合作的主动性和目的性，促使在错时空合作中更有效地挖掘和吸收对方的优势资源。

5. 提高现代信息媒介的应用效果

在合作过程中深度融合应用现代信息技术，重点攻关信息技术的设计架构、平台界面、技术和流程的标准化等方面，在合作终端的音视频图像的编码、控制、解码、显示等方面紧跟前沿技术，提高隐性知识的还原和重现程度，减轻合作中的知识丢失和流失。

5.4　本 章 小 结

基于隐性知识学习和合作创新两个隐性知识流转网的核心功能，本章对合作过程中的知识融合和知识损失两个现象展开研究。有效的知识融合是发挥网络优势的前提。本章以耗散结构理论为分析工具，分析了跨学科科研团队的知识整合机理。将跨学科科研团队的知识融合分为科学知识整合和认知思维融合两个维度，跨学科团队的初始能力、多学科间的相互作用关系和外部环境是影响知识整合效果的关键要素。在跨学科科研团队的知识管理过程中应保证团队具有开放性、提高学科间的互补和协同关系、对知识整合过程进行动态控制和引导、加强团队文化建设、培养合作氛围以促进跨学科科研团队知识系统的自组织演化，发挥跨学科科研团队的整体优势，实现团队知识涌现性和知识倍增效应。

隐性知识自身的特殊属性使知识损失已不可避免，减轻知识损失是隐性知识流转的关键问题，在成员合作的不同情境中，以现代信息技术为手段跨越时间和空间的错时空合作知识损失问题最为突出，本章选择这一角度展开研究。通过挖掘知识损失的内在机理和规律，可以在一定程度上减少这一现象，将网络内成员看作具有完整知识体系的知识种群，通过对合作过程中成员隐性知识体系间的互动、传承和演化的种群生态分析，对错时空合作过程的知识损失进行描述和刻画，得出成员错时空隐性知识合作的知识损失与成员间的知识共振性和媒介还原性呈负相关关系，与成员自身知识的情境依赖性呈正相关关系。通过降低成员的知识黏性、加强合作的情境兼容性、提高网络的焦点聚集性、加强成员合作的驱动力以及提高现代信息媒介的应用效果几个方面可以有效地减轻知识损失。

第 6 章　隐性知识流转网成员错时空合作的演化博弈分析

随着远程视频、在线媒体、网络传输、集成智能代理系统，以及微信、微博、钉钉、腾讯会议、Twitter、Facebook 等社交媒介为代表的现代信息技术的发展成熟和广泛应用，虚拟科技创新团队、创新研究群体、协同创新体系及知识战略联盟等具有隐性知识流转功能的网络型结构组织中，成员跨越时间和空间的错时空合作已经逐渐成为新常态。网络技术突破了传统沟通交流的空间、距离和方式，也拓展了科研合作的物理边界和合作模式[88]。现代信息技术背景下，知识主体借助通信工具的互动与实践已使隐性知识的共享呈现出超社会化特征，可以在更大范围、更多情境下实现合作与创新[89]。网络成员的知识合作是隐性知识流转网顺利运转和功能实现的基础。成员的行为策略受到普遍关注，明晰影响成员合作行为决策的因素和条件，有助于更好地推动知识成员合作，发挥网络核心功能[90]。

6.1　成员错时空合作的相关研究

相关学者对知识网络性质组织中的成员合作展开了研究，万君等讨论了知识网络组织协同创新的合作条件，提出利益机制、分工机制、风险机制和内部控制机制对建立和维护合作关系起到了关键作用[91]。李芮萌等提出研发网络可分为倾向于团队合作和技术外包两类，合作方式对任务分解程度和网络结构的正向关系起到调节作用[92]。翟丹妮和韩晶怡分析了产学研协同网络的合作创新中，奖惩力度、收益分配、知识势差及网络结果对合作效果的影响[93]。李纲和巴志超构建了科研合作超网络的知识扩散演化模型，考量成员个体知识增长、吸收能力、网络知识水平等因素，分析了网络组织知识传播的行为规律和动力机制[94]。张保仓从知识资源获取的角度讨论了虚拟组织的网络规模、网络结构对合作创新的作用[95]。邓灵斌从信任视角讨论了虚拟学术社区中科研人员的知识合作，指出对成员情感、品行、共享能力及对学术社区系统的信任正向影响成员的知识共享意愿[96]。谭春辉等将虚拟科研团队的成员分为任务角色倾向型、关系角色倾向型和自我角色倾向型三类，对成员合作行为进行了分析[97]。孙冰等指出在线科研合作日益流行，并指出虚拟学术社区中科研人员的初始合作动机是功利动机，持续合作动机增加了自我实现动机和利他动机[98]。

相关研究对合作过程中时空因素对成员合作行为的影响较少涉及，特别是在基于利益最大化的理性人假设下，成员行为策略是分析成员合作规律的关键问题。演化博弈方法是分析不完全信息状态下参与主体竞争与合作动态过程的理论，隐性知识流转网成员作为利益相关者，通过策略选择和调整实现自身利益最大化，用演化博弈方法分析是合适的。本章讨论网络通信技术跨越式发展的环境下，隐性知识流转网成员的合作行为规律、影响因素和作用机理，在此基础上提出促进成员错时空合作的对策建议，引导网络成员持续、稳定地合作，推动知识生产和创新。

6.2　问题描述和基本假设

隐性知识流转网是隐性知识汇聚和流转的平台和载体，在现代信息通信技术的支持下处于跨区域、复合式场景的成员可以实现错时空合作。有限理性的知识成员在不完全信息条件下作为网络行动者受网络资源获取和知识增长的利益驱动，在错时空情境下彼此相互影响、相互制约，选择最符合自身利益的行为策略，通过公平、开放地参与合作或独自发展，进行知识生产和知识创造。根据问题描述提出以下基本假设。

假设 1：网络成员 A 和网络成员 B 作为两方博弈的参与主体，成员具有相同的策略空间，策略集合为（合作，不合作），成员 A 选择合作的概率为 $x(0 \leqslant x \leqslant 1)$，不合作的概率为 $1-x$；成员 B 选择合作的概率为 $y(0 \leqslant y \leqslant 1)$，不合作的概率为 $1-y$。

假设 2：网络中的成员可以抽象为知识节点，成员 A 和成员 B 的知识量分别为 K_A、K_B。成员参与合作的方式是共享知识、合作创新，推动知识在网络中流动，促进新知识的生产。设成员知识贡献系数分别为 α_A、α_B，$0 \leqslant \alpha_A, \alpha_B \leqslant 1$，体现了成员合作过程中的知识共享程度，则成员 A 用以参与合作的知识为 $\alpha_A K_A$，成员 B 用以参与合作的知识为 $\alpha_B K_B$；成员参与合作是有成本的，合作成本和共享的知识量相关，设成员合作的成本系数分别为 λ_A、λ_B，则成员 A 和成员 B 的合作成本分别为 $\lambda_A(\alpha_A K_A)$ 和 $\lambda_B(\alpha_B K_B)$。

假设 3：在现代信息技术的支撑下，成员合作打破时间和空间的限制，扩大了知识流动的场景和范围，使成员合作可以在错时空情境展开。但由于情境因素使错时空合作存在知识损失，难以对隐性知识完全呈现、有效量化，假设成员 A 和 B 在同一合作情境下的知识损失概率相同，知识损失系数为 $\tau(0 \leqslant \tau \leqslant 1)$，则知识还原系数为 $\varepsilon = 1-\tau$。在考虑知识损失的情况下，成员可以吸收利用的知识资源为

$\varepsilon\alpha_A K_A$ 和 $\varepsilon\alpha_B K_B$；成员错时空合作有情境媒介成本 C，情境媒介成本是知识还原系数的函数 $C = g(\varepsilon)$，要求的知识还原系数越高，需要投入的合作媒介成本也越大。

假设 4：成员参与合作的目的是获得知识的增长。成员知识的增长分为两部分，一部分是单向接收、吸收合作方共享的知识；另一部分是双方均主动参与合作的情况下，通过合作创新带来新知识。成员个体能力是存在差异的，设成员知识吸收系数分别为 β_A、β_B，$0 \leqslant \beta_A, \beta_B \leqslant 1$，体现了参与主体对网络知识的学习能力，则在考虑知识损失的情况下，成员 A 和成员 B 通过吸收对方知识获得的知识收益分别为 $\beta_A(\varepsilon\alpha_B K_B)$ 和 $\beta_B(\varepsilon\alpha_A K_A)$；设价值共创系数分别为 γ_A、γ_B，$\gamma_A, \gamma_B \geqslant 0$，体现了由成员知识的互补性和异质性及个体创新能力决定的利用网络知识产生新知识的能力，则成员 A 和成员 B 通过价值共创获得的知识收益分别为 $\gamma_A(\varepsilon\alpha_B K_B)$ 和 $\gamma_B(\varepsilon\alpha_A K_A)$。

假设 5：隐性知识流转网的组织平台可以对成员合作行为进行一定引导和规范，网络平台通过建立激励机制和声誉机制促进成员参与合作。激励机制是通过对参与合作的成员进行奖励，增加成员合作收益，弥补合作成本，提高成员合作积极性，激励程度和成员贡献的知识量相关，设合作激励系数为 φ，则成员 A 和成员 B 参与合作所获激励分别为 $\varphi(\alpha_A K_A)$ 和 $\varphi(\alpha_B K_B)$；当存在信号传递机制时，不合作会造成声誉损失，成员间的信任感降低，并可能影响到网络资源的分配和合作机会成本，设声誉损失为 G。

6.3 隐性知识流转网成员合作演化博弈分析

6.3.1 自然状态下的成员合作演化博弈

1. 成员合作博弈模型

根据相关假设，隐性知识流转网成员 A 和成员 B 的合作收益矩阵如表 6-1 所示。

表 6-1 隐性知识流转网成员合作收益矩阵

损益		成员 B	
		合作	不合作
成员 A	合作	$\varepsilon\alpha_B K_B(\beta_A+\gamma_A)-\lambda_A(\alpha_A K_A)-C$, $\varepsilon\alpha_A K_A(\beta_B+\gamma_B)-\lambda_B(\alpha_B K_B)-C$	$-\lambda_A(\alpha_A K_A)-C, \varepsilon\alpha_A K_A\beta_B$
	不合作	$\varepsilon\alpha_B K_B\beta_A, -\lambda_B(\alpha_B K_B)-C$	0,0

成员合作行为策略的演化过程用复制动态方程来描述。成员A和成员B合作行为的期望收益分别为E_{A1}、E_{B1}，不合作行为的期望收益分别为E_{A2}、E_{B2}，平均期望收益分别为$\overline{E_A}$、$\overline{E_B}$。

$$E_{A1}=y[\varepsilon\alpha_B K_B(\beta_A+\gamma_A)-\lambda_A(\alpha_A K_A)-C]+(1-y)[-\lambda_A(\alpha_A K_A)-C] \quad (6\text{-}1)$$

整理得

$$E_{A1}=y[\varepsilon\alpha_B K_B(\beta_A+\gamma_A)]-\lambda_A(\alpha_A K_A)-C \quad (6\text{-}2)$$

$$E_{A2}=y\varepsilon\alpha_B K_B\beta_A \quad (6\text{-}3)$$

联立式（6-2）和式（6-3），计算成员A的平均期望收益为

$$\overline{E_A}=xE_{A1}+(1-x)E_{A2}=xy\varepsilon\alpha_B K_B\gamma_A+y\varepsilon\alpha_B K_B\beta_A-x[\lambda_A(\alpha_A K_A)+C] \quad (6\text{-}4)$$

联立式（6-2）和式（6-4），建立成员A合作收益的复制动态方程为

$$F(x)=\frac{\mathrm{d}x}{\mathrm{d}t}=x(E_{A1}-\overline{E_A})=x(1-x)[y\varepsilon\alpha_B K_B\gamma_A-\lambda_A(\alpha_A K_A)-C] \quad (6\text{-}5)$$

同理，成员B的期望收益为

$$E_{B1}=x[\varepsilon\alpha_A K_A(\beta_B+\gamma_B)]-\lambda_B(\alpha_B K_B)-C \quad (6\text{-}6)$$

$$E_{B2}=x\varepsilon\alpha_A K_A\beta_B \quad (6\text{-}7)$$

$$\overline{E_B}=yE_{B1}+(1-y)E_{B2}=xy\varepsilon\alpha_A K_A\gamma_B+x\varepsilon\alpha_A K_A\beta_B-y[\lambda_B(\alpha_B K_B)+C] \quad (6\text{-}8)$$

联立式（6-6）和式（6-8），建立成员B合作收益的复制动态方程为

$$F(y)=\frac{\mathrm{d}y}{\mathrm{d}t}=y(E_{A1}-\overline{E_A})=y(1-y)[x\varepsilon\alpha_A K_A\gamma_B-\lambda_B(\alpha_B K_B)-C] \quad (6\text{-}9)$$

2. 博弈的均衡点稳定性分析

基于成员合作的复制动态方程，联立式（6-5）和式（6-9），令$F(x)=F(y)=0$，得到成员A和成员B合作的演化博弈局部平衡点(x,y)：$P_1(0,0)$，$P_2(0,1)$，$P_3(1,0)$，$P_4(1,1)$和$P_5\left(\dfrac{\lambda_B(\alpha_B K_B)+C}{\varepsilon\alpha_A K_A\gamma_B},\dfrac{\lambda_A(\alpha_A K_A)+C}{\varepsilon\alpha_B K_B\gamma_A}\right)$。对式（6-5）和式（6-9）计算偏导数，得到雅可比矩阵：

$$J_1=\begin{bmatrix}\dfrac{\partial F(x)}{\partial x} & \dfrac{\partial F(x)}{\partial y}\\ \dfrac{\partial F(y)}{\partial x} & \dfrac{\partial F(y)}{\partial y}\end{bmatrix} \quad (6\text{-}10)$$

$$\frac{\partial F(x)}{\partial x}=(1-2x)[y\varepsilon\alpha_B K_B\gamma_A-\lambda_A(\alpha_A K_A)-C] \quad (6\text{-}11)$$

$$\frac{\partial F(y)}{\partial y}=(1-2y)[x\varepsilon\alpha_A K_A\gamma_B-\lambda_B(\alpha_B K_B)-C] \quad (6\text{-}12)$$

$$\frac{\partial F(x)}{\partial y}=x(1-x)\varepsilon\alpha_B K_B \gamma_A \quad (6\text{-}13)$$

$$\frac{\partial F(y)}{\partial x}=y(1-y)\varepsilon\alpha_A K_A \gamma_B \quad (6\text{-}14)$$

根据雅可比矩阵是否满足行列式$\det J>0$且迹$\mathrm{tr}J<0$判断均衡点的稳定性[14]。

命题 1： 当$\begin{cases}\varepsilon\alpha_B K_B\gamma_A>\lambda_A(\alpha_A K_A)+C\\ \varepsilon\alpha_A K_A\gamma_B>\lambda_B(\alpha_B K_B)+C\end{cases}$时，$P_4(1,1)$是演化动态系统的唯一稳定点，结果如表 6-2 所示。

表 6-2 成员合作演化博弈局部稳定性分析

命题 1 条件下				命题 2 条件下			
平衡点	$\det J_1$	$\mathrm{tr}J_1$	结果	平衡点	$\det J_1$	$\mathrm{tr}J_1$	结果
(0, 0)	+	+	不稳定点	(0, 0)	+	–	ESS
(0, 1)	+	+	不稳定点	(0, 1)	+	+	不稳定点
(1, 0)	+	+	不稳定点	(1, 0)	+	+	不稳定点
(1, 1)	+	–	ESS	(1, 1)	+	+	不稳定点
(x^*, y^*)	–	0	鞍点	(x^*, y^*)	–	0	鞍点

注：“+”表示计算结果为正值，“–”表示计算结果为负值，x^*表示稳定点的x值，y^*表示稳定点的y值，ESS 表示进化稳定策略（evolutionarily stable strategy）。

结论 1： 在错时空情境下，隐性知识流转网成员合作的行为策略与成员合作的共创价值直接相关。当成员双方合作产生的知识增量和价值增值$\gamma_A(\varepsilon\alpha_B K_B)$、$\gamma_B(\varepsilon\alpha_A K_A)$较高，分别大于各自的合作成本$\lambda_A(\alpha_A K_A)$、$\lambda_B(\alpha_B K_B)$和情境媒介成本$C$之和时，成员会克服各方面的阻力采取合作行为，（合作，合作）为系统演化稳定策略。

推论 1-1： 在错时空情境下，当成员合作只有知识存量的转移流动而不存在合作创新或合作创新收益较低时，合作是不可持续的。成员合作的价值在于优势互补的协同创新，如果成员间合作创新机制不稳定、创新收益较低，即使短期有知识转移和吸收的收益$\varepsilon\alpha_A K_A\beta_B$、$\varepsilon\alpha_B K_B\beta_A$，在长期系统中也将演化至（不合作，不合作）的稳定状态。

推论 1-2： 成员合作需要双向的知识交互，当双方存在较大差距或任一方知识贡献水平较低时，成员合作是不可持续的。任一成员的知识量K_A、K_B或知识贡献意愿α_A、α_B都将影响合作的稳定状态，当有一方知识贡献水平过低时，合作难以展开，（不合作，不合作）为系统演化稳定策略。

命题 2： 当$\varepsilon<\dfrac{C+\lambda_A(\alpha_A K_A)}{\alpha_B K_B\gamma_A}$或$\varepsilon<\dfrac{C+\lambda_B(\alpha_B K_B)}{\alpha_A K_A\gamma_B}$时，$P_1(0,0)$是演化动态系

统的唯一稳定点，结果如表 6-2 所示。

结论 2：在错时空情境下，隐性知识流转网成员合作的行为策略与合作过程的知识还原性直接相关。当错时空的复杂性和隐性知识的默会性使知识流转过程中的知识损失过大，媒介的知识还原水平 ε 较低，低于 $(C+\lambda_A\alpha_A K_A)/(\alpha_B K_B\gamma_A)$ 或 $(C+\lambda_B\alpha_B K_B)/(\alpha_A K_A\gamma_B)$ 时，成员双方会选择不合作行为，（不合作，不合作）策略为演化稳定策略。

推论 2：通过提高知识还原性促进成员合作，在一定程度上会受到媒介情境成本的制约。知识还原性可以通过提高信息通信技术水平、优化互动情境及多媒介交互解构等手段提高，以减少合作过程的知识损失；但知识还原性提高的同时也会提升情境成本 $C=g(\varepsilon)$，如果错时空的合作成本过高，成员会选择不合作行为，（不合作，不合作）为演化稳定策略。

3. 博弈的演化相位图

根据表 6-2 绘制成员合作的演化博弈相位图如图 6-1 所示。

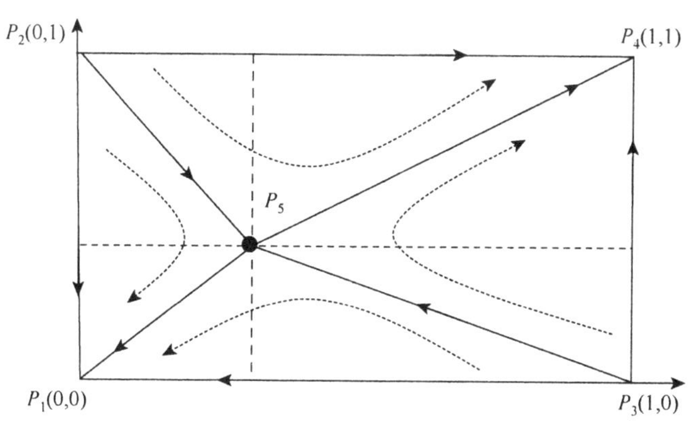

图 6-1　成员合作的演化博弈相位图

隐性知识流转网的成员合作博弈根据条件的不同会收敛于 $P_1(0,0)$ 或 $P_4(1,1)$。四边形 $P_1P_2P_5P_3$ 的面积为博弈均衡解为（不合作，不合作）的概率，四边形 $P_2P_5P_3P_4$ 的面积为博弈均衡解为（合作，合作）的概率，当自然状态下的合作无法演化至 $P_4(1,1)$ 时，需要网络平台的参与和引导。

6.3.2　网络平台参与下的成员合作演化博弈

1. 成员合作博弈模型

知识成员的协同合作对隐性知识流转网的顺利运行起着重要作用，错时空的合作情境为成员合作造成了壁垒和阻碍，需要网络平台进行一定的引导。网络平台存在激励机制和声誉机制，引导成员参与合作时，成员合作的博弈收益矩阵如表 6-3 所示。

表 6-3　网络平台参与下成员合作收益矩阵

损益		成员 B	
		合作	不合作
成员 A	合作	$\varepsilon\alpha_B K_B(\beta_A+\gamma_A)+(\varphi-\lambda_A)(\alpha_A K_A)-C$, $\varepsilon\alpha_A K_A(\beta_B+\gamma_B)+(\varphi-\lambda_B)(\alpha_B K_B)-C$	$(\varphi-\lambda_A)(\alpha_A K_A)-C,\varepsilon\alpha_A K_A\beta_B-G$
	不合作	$\varepsilon\alpha_B K_B\beta_A-G,(\varphi-\lambda_B)(\alpha_B K_B)-C$	$-G,-G$

网络平台参与下成员 A 和成员 B 合作行为的期望收益分别为 U_{A1}、U_{B1}，不合作行为的期望收益分别为 U_{A2}、U_{B2}，平均期望收益分别为 $\overline{U_A}$、$\overline{U_B}$。

$$U_{A1}=y[\varepsilon\alpha_B K_B(\beta_A+\gamma_A)]+(\varphi-\lambda_A)(\alpha_A K_A)-C \tag{6-15}$$

$$U_{A2}=y\varepsilon\alpha_B K_B\beta_A-G \tag{6-16}$$

联立式（6-15）和式（6-16），计算成员 A 的平均期望收益为

$$\overline{U_A}=xU_{A1}+(1-x)U_{A2}=xy\varepsilon\alpha_B K_B\gamma_A+y\varepsilon\alpha_B K_B\beta_A+x[(\varphi-\lambda_A)\alpha_A K_A-C]-(1-x)G \tag{6-17}$$

联立式（6-15）和式（6-17），建立成员 A 合作收益的复制动态方程为

$$f(x)=\frac{\mathrm{d}x}{\mathrm{d}t}=x(U_{A1}-\overline{U_A})=x(1-x)[y\varepsilon\alpha_B K_B\gamma_A+(\varphi-\lambda_A)(\alpha_A K_A)-C+G] \tag{6-18}$$

同理，成员 B 的期望收益为

$$U_{B1}=x[\varepsilon\alpha_A K_A(\beta_B+\gamma_B)]+(\varphi-\lambda_B)(\alpha_B K_B)-C \tag{6-19}$$

$$U_{B2}=x\varepsilon\alpha_A K_A\beta_B-G \tag{6-20}$$

$$\overline{U_B}=yU_{B1}+(1-y)U_{B2}=xy\varepsilon\alpha_A K_A\beta_B+y[(\varphi-\lambda_B)\alpha_B K_B-C]-(1-y)G \tag{6-21}$$

联立式（6-19）和式（6-21），建立成员 B 合作收益的复制动态方程为

$$f(y)=\frac{\mathrm{d}y}{\mathrm{d}t}=y(U_{B1}-\overline{U_B})=y(1-y)[x\varepsilon\alpha_A K_A\gamma_B+(\varphi-\lambda_B)(\alpha_B K_B)-C+G] \tag{6-22}$$

2. 博弈的均衡点稳定性分析

基于成员合作的复制动态方程，联立式(6-18)和式(6-22)，令 $f(x)=f(y)=0$，得到成员 A 和成员 B 合作的演化博弈局部平衡点 (x,y)：$P_1(0,0)$，$P_2(0,1)$，$P_3(1,0)$，$P_4(1,1)$ 和 $P_5\left(\dfrac{(\lambda_B-\varphi)(\alpha_B K_B)+C-G}{\varepsilon\alpha_A K_A\gamma_B},\dfrac{(\lambda_A-\varphi)(\alpha_A K_A)+C-G}{\varepsilon\alpha_B K_B\gamma_A}\right)$。计算雅可比矩阵：

$$J_2 = \begin{bmatrix} \dfrac{\partial f(x)}{\partial x} & \dfrac{\partial f(x)}{\partial y} \\ \dfrac{\partial f(y)}{\partial x} & \dfrac{\partial f(y)}{\partial y} \end{bmatrix} \tag{6-23}$$

$$\frac{\partial f(x)}{\partial x} = (1-2x)[y\varepsilon\alpha_B K_B \gamma_A + (\varphi - \lambda_A)(\alpha_A K_A) - C + G] \tag{6-24}$$

$$\frac{\partial f(y)}{\partial y} = (1-2y)[x\varepsilon\alpha_A K_A \gamma_B + (\varphi - \lambda_B)(\alpha_B K_B) - C + G] \tag{6-25}$$

$$\frac{\partial f(x)}{\partial y} = x(1-x)\varepsilon\alpha_B K_B \gamma_A \tag{6-26}$$

$$\frac{\partial f(y)}{\partial x} = y(1-y)\varepsilon\alpha_A K_A \gamma_B \tag{6-27}$$

根据雅可比矩阵判断均衡点的稳定性，得到命题 3。

命题 3：当$\begin{cases}\varphi\alpha_B K_B + G > \lambda_B(\alpha_B K_B) + C - \varepsilon\alpha_A K_A \gamma_B \\ \varphi\alpha_A K_A + G > \lambda_A(\alpha_A K_A) + C - \varepsilon\alpha_B K_B \gamma_A\end{cases}$时，$P_4(1,1)$是演化动态系统的唯一稳定点，结果如表 6-4 所示。

表 6-4　命题 3 条件下局部稳定性分析

平衡点	$\det J_2$	$\mathrm{tr} J_2$	结果
(0, 0)	+	+	不稳定点
(0, 1)	+	+	不稳定点
(1, 0)	+	+	不稳定点
(1, 1)	+	−	ESS
(x^*, y^*)	−	0	鞍点

注：“+”表示计算结果为正值，“−”表示计算结果为负值，x^*表示稳定点的x值，y^*表示稳定点的y值。

结论 3：在错时空情境下，隐性知识流转网的组织平台可以有效引导成员合作的行为策略选择。当激励力度φ较强以及声誉机制G较为完善，带来的综合效益大于综合成本（合作成本和媒介成本）与价值共创收益的差时，成员会选择合作行为，（合作，合作）为演化稳定策略。

推论 3：隐性知识流转网的成员合作即使由于错时空情境因素导致自然状态下的合作净收益为负，也可以通过网络平台制度的设计引导成员参与合作，即网络平台的参与可以解决“结论 2”中所面临的合作困境。

6.4　命题推演和数值仿真分析

为了进一步验证错时空情境下成员合作的相关命题和结论，本节通过数值仿真推演不同情境下成员合作的不同状态和演化路径，分析最优演化策略。

6.4.1　成员价值共创能力的影响

本节讨论成员价值共创系数对隐性知识流转网成员合作行为的影响，推演成员合作行为策略的演化过程。根据仿真数值设定规律，结合知识成员实际情况充分确保数值设定的合理性，设置仿真基础数值：成员 A 和成员 B 合作初始演化比例为 $x_0 = 0.4$， $y_0 = 0.2$，演化周期为 $T = [0,10]$；假设成员条件是对称的，其余合作基础参数为 $K_A = K_B = 20$，$\alpha_A = \alpha_B = 0.5$，$\lambda_A = \lambda_B = 0.1$，$\varepsilon = 0.8$，$C = 1$，推演 $\gamma_{A1} = \gamma_{B1} = 0.85$、$\gamma_{A2} = \gamma_{B2} = 1.1$ 情况下成员合作系统的演化过程。仿真结果如图 6-2 所示。

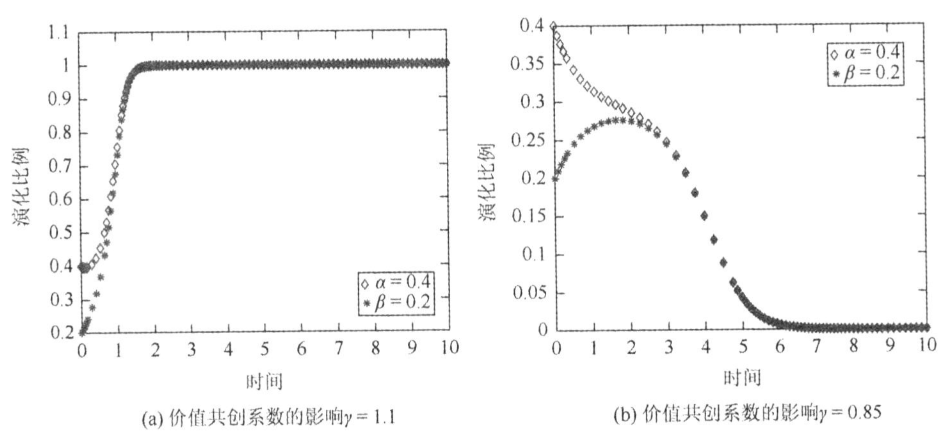

图 6-2　成员价值共创系数对合作演化过程的影响

从图 6-2 可以看出：成员价值共创系数较高，满足命题 1 的条件时，演化过程如图 6-2（a）所示，成员合作的演化博弈策略最终会无限趋近于 $P_4(1,1)$ 点，系统将稳定在（合作，合作）状态，结论 1 得到验证。图 6-2（b）为不满足命题 1 条件时的情况，成员价值共创系数较低，此时成员短期内会有一定程度的合作，但长期成员合作意愿逐渐降低，最终系统将稳定在双方不合作状态，推论 1-1 得到验证。

6.4.2　成员知识水平差距的影响

本节讨论成员知识水平差距（或称为知识势差）对隐性知识流转网成员合作行为的影响，推演成员合作行为策略的演化过程。设$\gamma_A=\gamma_B=1.1$，$K_A=20$，$K_B=5$，其他参数不变，推演$\alpha_{A1}=\alpha_{B1}=0.5$；$\alpha_{A2}=0.5$，$\alpha_{B2}=1$情况下成员合作系统的演化过程。仿真结果如图 6-3 所示。

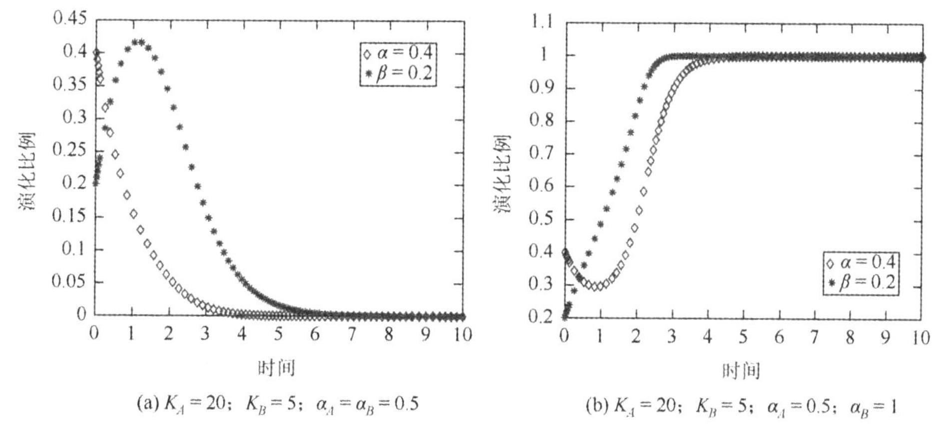

(a) $K_A=20$；$K_B=5$；$\alpha_A=\alpha_B=0.5$　　(b) $K_A=20$；$K_B=5$；$\alpha_A=0.5$；$\alpha_B=1$

图 6-3　成员知识水平差距对合作演化过程的影响

从图 6-3 可以看出：当成员知识量差距较大、知识共享水平相等时，知识量小的成员合作的意愿更加强烈，而知识量大的成员合作意愿则较弱并逐渐下降，合作双方经过一定时间的试探和磨合，不断修正自己的行为策略，系统最终会无限趋近于$P_1(0,0)$点，稳定在（不合作，不合作）状态，如图 6-3（a）所示，推论 1-2 得到验证；若成员知识量存在一定差距，但知识量小的成员知识共享水平足够高，全身心投入合作，可以在一定程度上推动系统走向（合作，合作）的稳定状态，演化过程如图 6-3（b）所示。但若成员知识量差距过大，即使知识量小的成员提高知识共享水平，由于另一方合作收益较低，合作也难以持久展开；此外，现实情况中，保持竞争优势和合作成本等因素也会制约成员的知识共享水平。

6.4.3　媒介知识还原水平的影响

本节讨论媒介知识还原水平或知识损失对隐性知识流转网成员合作行为的影响，推演成员合作行为策略的演化过程。设合作基础参数不变，推演$\varepsilon_1=0.4$，

$C_1=1$；$\varepsilon_2=0.7$，$C_2=1.2$；$\varepsilon_3=0.7$，$C_3=1.4$ 情况下成员合作系统的演化过程。仿真结果如图 6-4 所示。

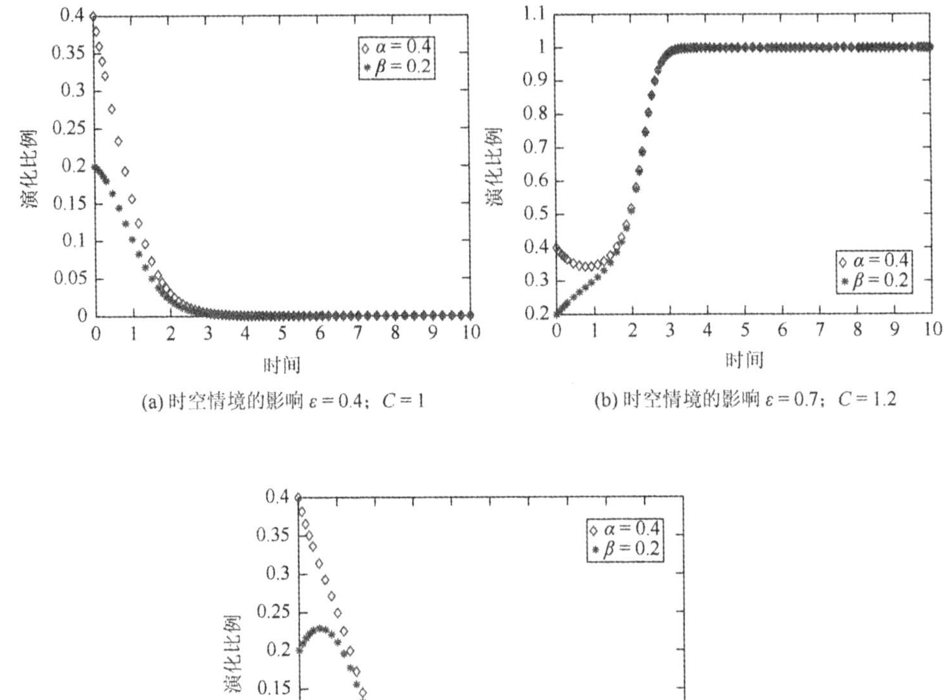

(a) 时空情境的影响 $\varepsilon=0.4$；$C=1$

(b) 时空情境的影响 $\varepsilon=0.7$；$C=1.2$

(c) 时空情境的影响 $\varepsilon=0.7$；$C=1.4$

图 6-4　媒介知识还原水平对合作演化过程的影响

从图 6-4 可以看出：错时空情境的知识损失较大，知识还原水平较低，满足命题 2 的条件时，演化过程如图 6-4（a）所示，成员合作的演化博弈策略最终会无限趋近于 $P_1(0,0)$ 点，系统将稳定在（不合作，不合作）状态，结论 2 得到验证。当提高知识还原性而增加的情境媒介成本处于低水平时，可以通过提高知识还原性使系统稳定在（合作，合作）状态，如图 6-4（b）所示；当增加的情境媒介成本处于高水平时，即使提高错时空合作的知识还原性也无法改善成员不参与合作的状态，此外，知识还原性由于技术条件、情境条件等的限制是有一定瓶颈的，演化过程如图 6-4（c）所示，推论 2 得到验证。

6.4.4　网络平台制度设计的影响

本节讨论网络平台制度设计（激励机制和声誉机制）对隐性知识流转网成员合作行为的影响，推演成员合作行为策略的演化过程。在成员价格共创系数较低，即图 6-2（b）所处情况；成员知识水平差距较大，即图 6-3（a）所处情况；错时空合作知识损失较大，提高知识还原性的情境成本较高，即图 6-4（c）所处情况时，需要通过外部激励提高成员合作收益，弥补合作成本。设 $\varphi = 0.05$，$G = 0.5$，满足命题 3 的条件时，推演以上三种情况成员合作系统的演化过程。仿真结果如图 6-5 所示。

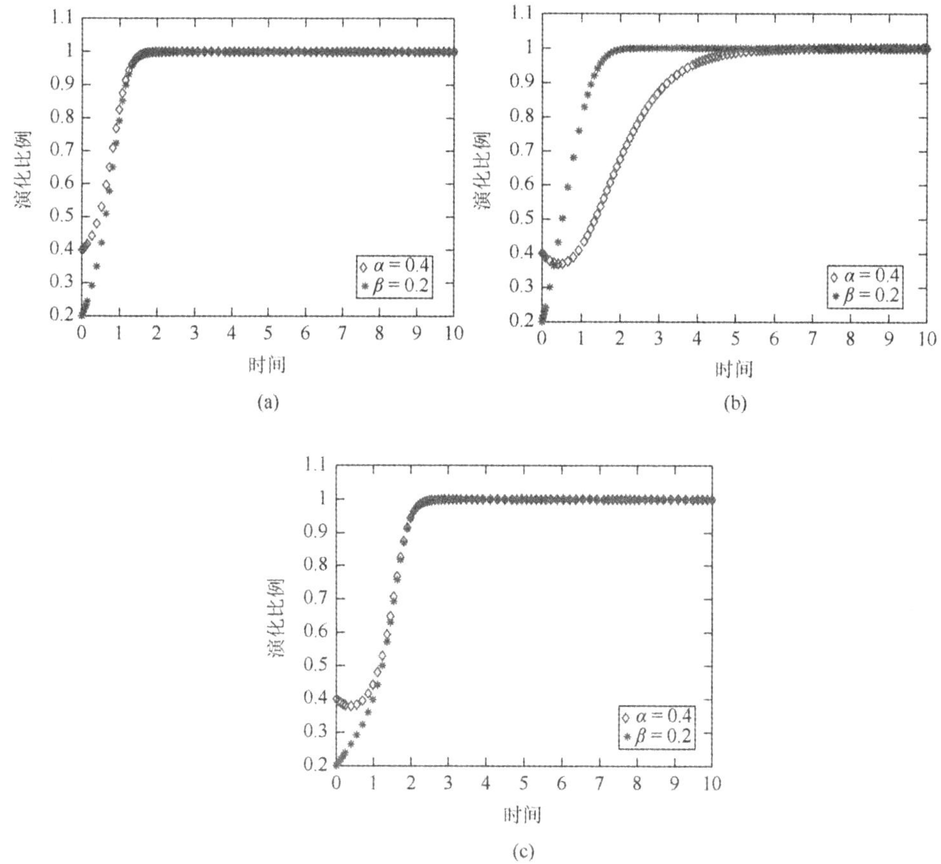

图 6-5　网络平台制度设计对合作演化过程的影响

从图 6-5 可以看出：网络平台通过合理的制度设计，可以有效引导成员的合作行为，即使在自然状态下由于各种条件不足引发成员不合作倾向，在外部合作收益的驱使下也会使成员合作的演化博弈策略最终无限趋近于 $P_4(1,1)$ 点，将系统稳定在（合作，合作）状态。结论 3 和推论 3 得到验证。

6.5　提升隐性知识流转网成员错时空合作建议

成员合作的行为策略与成员合作的共创价值、知识共享水平、错时空情境的知识还原性、网络平台的制度保障等因素直接相关。结合研究结论及成员合作的影响因素，本节提出促进隐性知识流转网成员合作的对策建议。

一是提升价值共创能力，增加合作创新收益。成员加入网络、参与合作的核心价值是成员间的合作创新效应，通过合作创造新知识，产生知识增量，激发并保持知识网络生态系统的活力[99]。隐性知识流转网的错时空合作跨越了时空限制门槛，在成员选择的物理条件上进一步放宽，可以借助网络资源优势联结跨区域、跨国别的知识成员，提升网络内知识的专业性和广泛度，通过引入异质性知识成员和高知识势能成员，提高网络知识存量、优化网络成员的学科和知识结构，满足成员多元知识需求，在合作中优势互补，鼓励、引导成员跨学科、跨领域的知识合作，促进合作中学科间、异质性知识间的交叉融合，促进成员合作中新知识的生产。

二是引导互惠合作关系，提升成员知识共享水平。社会交换理论指出互惠因素是维持合作行为的基础[100]。成员隐性知识合作是一种基于知识交换的合作关系，错时空中随机性较强的合作失败风险很大，当合作双方知识差距较大时，高水平成员会缺乏合作动力，低水平成员有产生“搭便车”现象的倾向。网络平台应促使成员选择与自己能力相当的合作者作为合作对象，这也需要消除信息不对称障碍，通过制度设计加强成员间的相互了解。在成员知识量存在一定差距的情况下，知识量小的成员保持较高的知识共享水平，也可以形成稳定的合作关系。此外，知识共享水平越高，成员的合作效果和合作收益也越好，可以通过提升错时空情境的网络平台合作氛围、形成互助协作的价值观、加强知识产权保护、建立成员间的情感信任和心理认同等方式提升成员知识共享水平。

三是提高知识媒介还原性，减少合作的知识损失。错时空情境的知识共享在原态呈现时会出现一定程度的遗失和失真，隐性知识的外显和共享同样存在复原难度，知识的还原程度影响合作效果。在错时空合作中可充分利用现代新兴信息通信技术加强合作主体间的多维互动，应用远程视频、3D 虚拟成像、立体仿真模拟等工具提高对隐性知识的还原水平，并根据条件结合线下互动，通过复合式情境中的多维示范、观察模仿、反复印证、深入探讨、交流碰撞、身心互动等合作方式提高成员合作效果，促进隐性知识的吸收、转化、融合和创新，实现网络在错时空情境下的隐性知识超社会化动态获取功能，减少成员合作中的知识损失。此外，媒介成本具有一定刚性，网络平台可以通过补贴的形式降低成员的付出成本。

四是加强合作制度保障，建立激励和约束机制。错时空的成员合作中存在很多障碍，无组织、缺乏制度保障的合作难以持续，需要组织平台的参与引导和制度设计。网络组织应形成清晰的整体目标，明确成员的合作目的，建立有效的激励机制并按成员的合作贡献给予奖励，激发成员的合作热情，提高合作自我效能感，培养成员的网络公民行为和合作意识。激励机制可分为合作常规激励制度和合作特殊绩效奖励计划等，同时需要形成合作绩效的认可和考核制度。另外，网络组织也需要建立成员合作的监督管理机制，对不合作和破坏网络功能的行为给予约束和惩罚，如对不合作行为的信号传递机制，通过公开合作信息，消除成员既往行为的信息不对称，对消极合作及投机主义行为给予曝光，对相关负向和违规行为给予资源、机会等方面的制裁，从而通过声誉效应和信任损失减少合作过程中的逆向选择和道德风险。

6.6 本章小结

本章运用演化博弈理论对隐性知识流转网成员错时空合作的行为策略进行分析，并基于数值仿真对演化模型进行了推演。研究表明：无论同一物理空间还是跨时空情境，成员合作的根本动机都是获取知识增量，参与合作创新、产生新知识是合作持续进行的基础；成员的知识共享水平影响合作强度，特别是在成员知识量差距较大的情况下，知识量小的成员需要保持较高的共享水平才能使合作双方均有收益；错时空情境会产生知识损失，通过现代媒介技术原态呈现成员知识和合作过程的程度影响合作效果，媒介还原性较差则合作难以开展；成员参与合作需要付出一定的成本，隐性知识共享难度和成本比显性知识高，特别是错时空情境下的情境媒介成本，成员行为受到成本的制约；在错时空情境下成员选择不合作为最优策略时，需要外部激励提高合作收益，网络平台的激励机制和声誉机制可以有效引导成员行为策略。

第7章　隐性知识流转网成员合作的共生关系和演化模型

7.1　成员共生理论

根据共生演化理论，种群只有与相关种群建立持续的合作关系才能在群体中占据有利地位[101]，合作是隐性知识流转网的功能实现和顺利运行的基础。隐性知识流转网的结构、关系及资源是不断更新迭代、动态演化的，具有自组织性[102]；网络成员以隐性知识资源的流动和整合为纽带，相互依存、合作发展、共同进化，显现出生物学的共生特征，符合生态系统的进化机制，成员关系和知识量的变化是网络演化的微观表征[103]。成员合作共生是隐性知识流转网持续存在、发展和演进的基础。

经济学和管理学领域主体间的共生关系相关研究主要集中在创新生态系统、创业生态系统、创意产业空间、实体产业间等。欧忠辉等指出创新生态系统是由核心企业和配套组织在共生环境中从事价值创造和获取等共生活动的复杂系统[104]。刘平峰和张旺对创新生态系统共生演化机制进行了研究，指出其是具有递进演化机制和多边多向交流机制的非线性耗散系统[105]。江瑶等对创意产业空间的知识溢出和互利共生进行了研究，分析了空间集聚形成的影响因素及作用机理[106]。李洪波和史欢对创业生态系统共生演化进行了研究，指出创业生态系统是由创业参与主体和创业支持机构通过不同的共生方式形成的自组织协调系统[107]。韩峰等指出产业共生网络是通过物料、能源或信息的传递形成的企业间共生网络[108]。江露薇和冯艳飞在对装备制造业共生模式的研究中指出共生是区域产业由无序向有序、由竞争向合作、由数量向质量发展的路径选择[109]。

相关研究对系统内主体共生关系的探讨为本章奠定了研究基础，可将共生思想借鉴到隐性知识流转网成员关系的研究中。目前关于知识网络成员合作的研究对成员合作关系及合作过程的演化规律和整体把握不足，对合作效果的影响因素和路径缺乏细致刻画和深度挖掘。本章以成员作为共生单元讨论在合作共生环境中成员知识量的增长规律、过程模式及演化路径，对共生系统稳定状态的影响因素进行解构，并进行模拟仿真。在此基础上提出对策建议，为促进隐性知识流转网的成员合作、优化网络环境提供参考。

7.2　隐性知识流转网成员合作共生系统概念模型

共生是一种普遍存在的生物现象，指两种或两种以上密切接触的不同物种或种群之间形成的彼此依赖和互利关系，资源互补的群体之间通过建立持续的合作关系在生态系统中占据有利地位，推动群体不断演化发展。共生系统由共生单元、共生模式、共生环境等要素构成[110]。隐性知识流转网的成员在一定的时空范围内，彼此以知识合作为基础，通过知识资源的流动和整合建立有机联系，成员间相互依存、影响、作用，经过持续的动态演化形成自组织的复杂共生生态系统。

7.2.1　共生单元

共生单元指构成共生体或共生关系的基本能量生产和交换单位[111]。隐性知识流转网中的共生单元是知识成员或具有某一共性特征的知识成员群体，知识成员是构成共生系统的基本物质条件。知识是成员共生的基质，共生单元的质参量为成员的知识存量，反映了共生单元的内在性质，决定了共生单元的能量和状态；共生单元的象参量是知识属性、学科类型和关联性等，反映了共生单元的外部特征，决定了共生单元的功能和地位。质参量和象参量随着知识成员共生系统的演化而动态变化。知识存量和知识属性等特征的差异导致隐性知识流转网成员的权力和价值不同，在共生系统的演化过程中处于核心、外围、桥梁、主导、从属等地位，逐渐形成了核心节点、边缘节点、结构洞等多元连边的共生网络结构。

共生单元（网络成员）的质参量（知识存量）可以相互表达、流动和转化，质参量的这种兼容性使共生单元产生了内在联系，具备了共生的可能性，隐性知识流转网成员之间存在多种质参量相容关系。共生单元的基本活动是知识合作，通过合作使知识流动、转移、叠加并生成新知识、产生新能量，从而形成共生关系，促进共生单元共同进化。共生单元的知识合作反映了其物质和能量在共生系统中的流动和转化。

7.2.2　共生模式

共生模式是共生单元相互作用的方式和强度，是行为方式和共生程度的具体结合，反映了共生单元之间的物质信息交流和能量互换关系[112]。隐性知识流转网成员在合作共生过程中知识会扩散，在共生单元间进行复制，使知识在系统中的密度增加；另外，合作会产生创新和知识溢出，使知识在共生系统中的维度增加，生成新能量。合作共生促进了网络和成员的知识增长，共生系统内知识增量的分配反映了共生行为的差异。根据共生结构和利益分配，共生单元之间的共生模式可分为寄生、偏利共生和互惠共生[113]。

根据组织程度，共生模式可分为点共生、间歇共生、连续共生及一体化共生[114]。点共生是成员单次、某方面的合作关系，共生关系具有随机性、偶然性和不确定性；间歇共生是成员按一定时间间隔多次在某一方面或某几方面的合作关系，共生关系是有计划、非随机的，但仍具有不稳定性；连续共生是成员在一定时间区间内具有连续的、多样化的合作，共生关系具有长期性、稳定性和必然性；一体化共生是成员在一定时间区间内形成的具有独立性质和功能的共生体，成员存在全方位的合作。

7.2.3 共生环境

共生单元以外的因素总和构成共生环境，是成员共生发展的外在条件。隐性知识流转网的共生环境是成员合作的知识场域，合作规则、规范惯例、合作平台、网络提供的制度保障等因素塑造了共生环境。共生单元间的接触方式和联系通道称为共生界面，是共生单元进行信息、能量传导的媒介或载体，影响共生系统的稳定性和效率，成员通过共生界面实现知识资源的流转和整合，并产生新知识，隐性知识流转网成员的共生界面可以是同一物理空间的合作，也可以是通过现代信息媒介的跨时空合作。成员在共生环境中通过共生界面实现信息传输、物质交流、分工合作等功能。

综合上述分析，隐性知识流转网成员共生系统如图 7-1 所示。

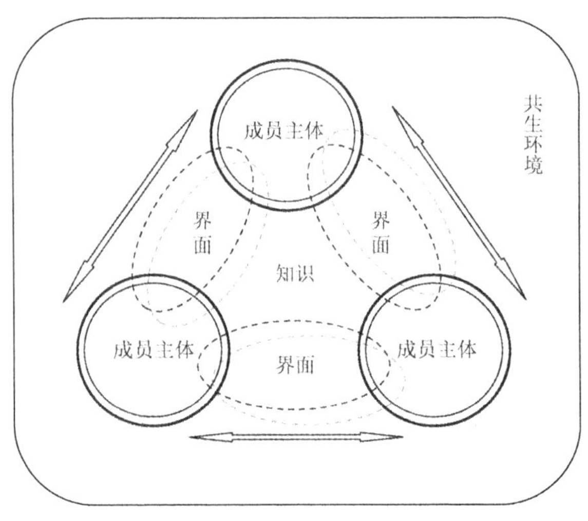

图 7-1 隐性知识流转网成员共生系统

7.3　隐性知识流转网成员共生演化模型

7.3.1　共生演化基本分析

生物学中的 Logistic 生长函数描述了生态系统的种群成长规律，由于资源、环境等限制，种群的增长速度会随着种群密度的增加而逐渐放缓，即 Logistic 增长速度在初期最快，当增长到一定程度后开始减慢，最后趋于稳定，直至停止增长达到饱和值[115]。隐性知识流转网成员通过在网络内知识的获取、吸收、消化、转化等过程中得到成长，不断提升自身的知识存量。隐性知识流转网中成员的知识增长过程符合 Logistic 增长规律，成员合作共生的基质是知识，成员通过知识的合作融合产生新知识，随着知识转移、整合和合作创新的过程，知识存量会增加，但知识的增长受到网络内的知识资源有限性、网络环境及成长空间的约束，在一定时间内面临不变的环境，即使充分利用网络内各种资源，知识存量也不可能无限扩大，增长速度会逐渐变缓，知识同质化也会日趋严重，直至达到增长瓶颈，从高速增长期进入稳定均衡期。

Logistic 模型可以表示多个种群间的相互作用关系，网络内不同种群的划分标准可以是个体层面、学科层面、组织层面等，成员合作共生可以是成员个体间、同类成员群体间的知识转移、合作创新等，在合作共生中知识发生了流转、扩散并涌现了新知识，种群知识量的变化描述了其成长过程和成长程度，种群知识量的增加视为种群规模的扩大，知识量的变化幅度也表明了成员种群对网络资源的占有率、创造和获取价值的多少。

7.3.2　成员共生模型构建

下面对双成员主体（知识种群）合作共生的知识演化进行参数设计，成员 A 的知识量为 $S_A(t)$，成员 B 的知识量为 $S_B(t)$，成员知识量（种群规模）是时间 t 的函数，在资源环境约束下成员知识量的饱和值为 $\overline{S_A}$、$\overline{S_B}$。r_A、r_B 为成员知识的自然增长率，即成员不参与合作，通过自主学习和独立创新获得的知识增长率，$r_A > 0$，$r_B > 0$。

1. 独立共存

在成员独立生长，单独进行知识活动，不依靠网络内的其他成员时，成员知识量的演化动力学方程组为

$$\begin{cases} \dfrac{\mathrm{d}S_A}{\mathrm{d}t} = r_A S_A \left(1 - \dfrac{S_A}{\bar{S}_A}\right), & S_A(0) = S_{A0} \\ \dfrac{\mathrm{d}S_B}{\mathrm{d}t} = r_B S_B \left(1 - \dfrac{S_B}{\bar{S}_B}\right), & S_B(0) = S_{B0} \end{cases} \tag{7-1}$$

式中，S_{A0}、S_{B0} 分别为成员的初始知识量；$r_A S_A$、$r_B S_B$ 分别为成员自身知识量的增长趋势；$1-\dfrac{S_A}{\bar{S}_A}$、$1-\dfrac{S_B}{\bar{S}_B}$ 为 Logistic 系数，即系统环境、资源约束下的阻滞作用。

2. 合作共生

隐性知识流转网的核心功能是实现拥有互补知识的成员合作，当成员参与知识合作时，其他成员的知识共享行为会促进其知识增长率的提高。引入成员知识贡献系数 α，即成员多大程度上共享、提供自身知识参与合作，$0 \leqslant \alpha \leqslant 1$，当成员无所保留地共享自身的全部知识时，贡献系数为 1，隐藏知识不提供时，贡献系数为 0。在现代信息通信技术的支持下，这种合作可以是跨时空的，即在社交媒介、虚拟现实、在线社区等媒介和平台的支持下，成员的合作是可以在虚拟情境下进行的，但由于时空阻滞会有一定的知识损失[116]，设损失系数为 m，则还原系数为 $n = 1 - m$，$0 \leqslant m, n \leqslant 1$。成员贡献的知识被另一个成员吸收、转化和融合，参与价值共创，设价值共创系数为 β，当知识资源被充分利用，产生的知识价值大于原有贡献的知识时，$\beta > 1$；当知识资源只被部分利用，产生的知识价值小于原有贡献的知识时，$0 \leqslant \beta \leqslant 1$。$\eta$ 为合作系数，A、B 分别代表两个成员，则 $\eta_A = \beta_A(\eta_B \alpha_B)$，$\eta_B = \beta_B(\eta_A \alpha_A)$，反映了合作产生的实际作用和效果。

当成员进行知识合作时，成员知识量的演化动力学方程组为

$$\begin{cases} \dfrac{\mathrm{d}S_A}{\mathrm{d}t} = r_A S_A \left(1 - \dfrac{S_A}{\bar{S}_A} + \eta_A \dfrac{S_B}{\bar{S}_B}\right), & S_A(0) = S_{A0} \\ \dfrac{\mathrm{d}S_B}{\mathrm{d}t} = r_B S_B \left(1 - \dfrac{S_B}{\bar{S}_B} + \eta_B \dfrac{S_A}{\bar{S}_A}\right), & S_B(0) = S_{B0} \end{cases} \tag{7-2}$$

3. 竞合共生

隐性知识流转网的理想状态是充分合作，但它实际上不可避免地存在一定的竞争，即使在具有共同目标的同一组织内部，考虑到丧失知识优势的风险，成员间或多或少也会存在隐性的竞争，竞争会对知识的增长产生一定的抑制作用，设竞争的影响系数为 θ，$\theta \geqslant 0$，在考虑同时存在合作和竞争的情况下，共生对知识增长的影响作用为 $\psi = \eta - \theta$，ψ_A、ψ_B 分别为成员 A、B 的共生系数。

当存在竞争时，成员知识量的演化动力学方程组为

$$\begin{cases}\dfrac{\mathrm{d}S_A}{\mathrm{d}t}=r_AS_A\left[1-\dfrac{S_A}{\overline{S}_A}+(\eta_A-\theta_A)\dfrac{S_B}{\overline{S}_B}\right], \quad S_A(0)=S_{A0}\\ \dfrac{\mathrm{d}S_B}{\mathrm{d}t}=r_BS_B\left[1-\dfrac{S_B}{\overline{S}_B}+(\eta_B-\theta_B)\dfrac{S_A}{\overline{S}_A}\right], \quad S_B(0)=S_{B0}\end{cases} \tag{7-3}$$

4. 多成员主体共生

考虑成员 A 和多个成员之间的共生关系，设和成员 A 合作的企业有 N 个，其中成员 i 对成员 A 的共生系数为 ψ_{iA}，成员 A 对成员 i 的共生系数为 ψ_{Ai}。

多成员主体共生的成员知识量演化动力学方程组为

$$\begin{cases}\dfrac{\mathrm{d}S_A}{\mathrm{d}t}=r_AS_A\left[1-\dfrac{S_A}{\overline{S}_A}+\psi_{Ai}\dfrac{S_i}{\overline{S}_i}\right], \quad S_A(0)=S_{A0}\\ \dfrac{\mathrm{d}S_i}{\mathrm{d}t}=r_iS_i\left[1-\dfrac{S_i}{\overline{S}_i}+\psi_{iA}\dfrac{S_A}{\overline{S}_A}\right], \quad S_i(0)=S_{i0}\end{cases}, \quad i=1,2,\cdots,N \tag{7-4}$$

7.3.3　共生模式讨论

根据成员双方的共生系数可以判断成员共生的演化模式及知识的流向和合作价值，如表 7-1 所示。

表 7-1　成员合作共生演化模式及知识的流向和合作价值

取值组合	演化模式	解释说明
$\psi_A=\psi_B=0$	独立共存	成员不参与合作，相互之间不影响，知识在网络内不发生流动，成员知识增长由自身资源和条件决定
$\psi_A\cdot\psi_B<0$	寄生	合作使一方受益，知识增长速度高于独立共存，另一方受到抑制，知识增长变缓，存在双边单向交流机制，知识单向流动
$\psi_A=0,\psi_B>0$ $\psi_A>0,\psi_B=0$	偏利共生	共生系数为负的成员主体受益，共生系数为 0 的成员主体无影响，系统内存在双边双向交流，但系统自身对非获利方无补偿机制
$\psi_A>0,\psi_B>0$ $\psi_A\neq\psi_B$	互惠共生（非对称）	共生存在互利互惠，成员合作起到相互促进作用，系统内知识多边多向流动，知识资源普遍增加，但非对称性导致知识增长不同步
$\psi_A>0,\psi_B>0$ $\psi_A=\psi_B$	互惠共生（对称）	共生存在互利互惠，实现了双方的利益共享，系统内知识多边多向流动，知识资源均等增加，知识增长具有同步性
$\psi_A<0,\psi_B<0$	恶性竞争	竞争产生的抑制作用大于合作收益，对双方都有消极影响，共生系统失灵，网络核心功能受损，逐渐退化、瓦解

隐性知识流转网的共生系统具有自组织性，系统最终将演化至动态平衡状态。

对平衡点进行稳定性分析，令 $\frac{\mathrm{d}S_A}{\mathrm{d}t}=0$，$\frac{\mathrm{d}S_B}{\mathrm{d}t}=0$，求得局部稳定点：$P_1(0,0)$，$P_2(\overline{S_A},0)$，$P_3(0,\overline{S_B})$，$P_4\left(\frac{\overline{S_A}(1+\psi_A)}{1-\psi_A\psi_B},\frac{\overline{S_B}(1+\psi_B)}{1-\psi_A\psi_B}\right)$。演化系统的雅可比矩阵为

$$J=\begin{bmatrix} r_A\left(1+\psi_A\frac{S_B}{\overline{S_B}}-2\frac{S_A}{\overline{S_A}}\right) & r_A\psi_A\frac{S_A}{\overline{S_B}} \\ r_B\psi_B\frac{S_B}{\overline{S_A}} & r_B\left(1+\psi_B\frac{S_A}{\overline{S_A}}-2\frac{S_B}{\overline{S_B}}\right) \end{bmatrix} \tag{7-5}$$

雅可比矩阵的行列式 $\det J>0$，且迹 $\mathrm{tr}J<0$ 时，局部均衡点是稳定的，稳定条件如表 7-2 所示。

表 7-2　成员合作共生演化模式

均衡点	$\det J$	$\mathrm{tr}J$	稳定性条件
$P_1(0,0)$	r_Ar_B	r_A+r_B	不稳定
$P_2(\overline{S_A},0)$	$-r_Ar_B(1+\psi_B)$	$-r_A+r_B(1+\psi_B)$	$\psi_B<-1$
$P_3(0,\overline{S_B})$	$-r_Ar_B(1+\psi_A)$	$-r_B+r_A(1+\psi_A)$	$\psi_A<-1$
$P_4\left(\frac{\overline{S_A}(1+\psi_A)}{1-\psi_A\psi_B},\frac{\overline{S_B}(1+\psi_B)}{1-\psi_A\psi_B}\right)$	$\frac{r_Ar_B(1+\psi_A)(1+\psi_B)}{1-\psi_A\psi_B}$	$\frac{-r_A(1+\psi_A)-r_B(1+\psi_B)}{1-\psi_A\psi_B}$	$\psi_A<1,\psi_B<1$

对均衡点 P_4 进行全局稳定性分析，采用相轨线分析均衡点在不同初始状态下的稳定性，如图 7-2 所示。

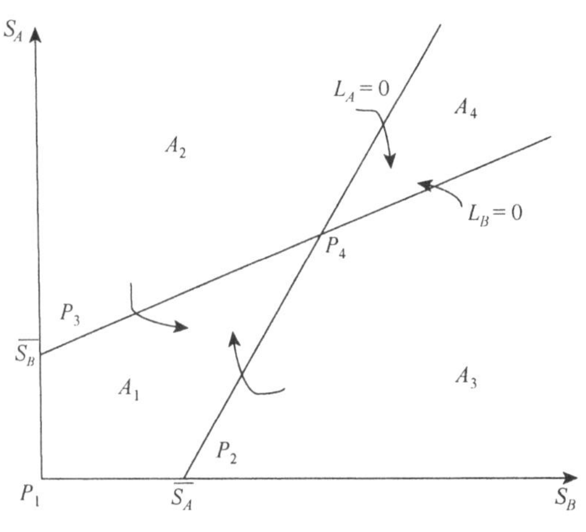

图 7-2　$\psi_A<1$，$\psi_B<1$ 条件的相轨线

直线 $L_A = 1 - \frac{S_A}{\overline{S_A}} + \psi_A \frac{S_B}{\overline{S_B}} = 0$ 和 $L_B = 1 - \frac{S_B}{\overline{S_B}} + \psi_B \frac{S_A}{\overline{S_A}} = 0$ 将平面 $(S_A, S_B \geqslant 0)$ 划分成 A_1、A_2、A_3、A_4 四个区域。

$$\begin{cases} A_1 : \frac{\mathrm{d}S_A}{\mathrm{d}t} > 0, \frac{\mathrm{d}S_B}{\mathrm{d}t} > 0 \\ A_2 : \frac{\mathrm{d}S_A}{\mathrm{d}t} > 0, \frac{\mathrm{d}S_B}{\mathrm{d}t} < 0 \\ A_3 : \frac{\mathrm{d}S_A}{\mathrm{d}t} < 0, \frac{\mathrm{d}S_B}{\mathrm{d}t} > 0 \\ A_4 : \frac{\mathrm{d}S_A}{\mathrm{d}t} < 0, \frac{\mathrm{d}S_B}{\mathrm{d}t} < 0 \end{cases} \tag{7-6}$$

系统轨线无论从任一区域的任何点出发，都将趋向于 P_4 点，P_4 点具有全局稳定性。此外，当满足 $\psi_A < 1$、$\psi_B < 1$ 时，$S_A = \frac{1+\psi_A}{1-\psi_A\psi_B}\overline{S_A} > \overline{S_A}$，$S_B = \frac{1+\psi_B}{1-\psi_A\psi_B}\overline{S_B} > \overline{S_B}$。共生系统得到了进化，成员间处于互利共生的关系，合作共生的收益大于独立时的收益，稳定状态的成员知识量大于双方单独运行时的饱和量，即共生拓展了成员发展空间，带来了知识增量。

7.4　成员共生演化仿真分析

本节通过 MATLAB 仿真模拟隐性知识流转网的成员共生关系和演化路径。

7.4.1　不同共生模式的演化仿真

本节讨论不同共生模式下，成员之间的共生演化，参考相关研究并结合成员合作的实际情况，在考虑仿真规律性和数值合理性的基础上，设定初始参数值。设成员 A、B 的初始知识量分别为 $S_{A0} = 50$、$S_{B0} = 50$；成员知识的自然增长率分别为 $r_A = 1$、$r_B = 0.7$；成员独立发展的知识饱和量分别为 $\overline{S_A} = 800$、$\overline{S_B} = 800$；演化周期 $T = 30$。讨论共生系数 ψ_A、ψ_B 不同取值组合下成员共生关系的演化过程。

1. 寄生共存模式

根据寄生共存模式的条件，取 $\psi_A = 0.3$，$\psi_B = -0.3$，成员之间寄生共存的演化结果如图 7-3 所示。

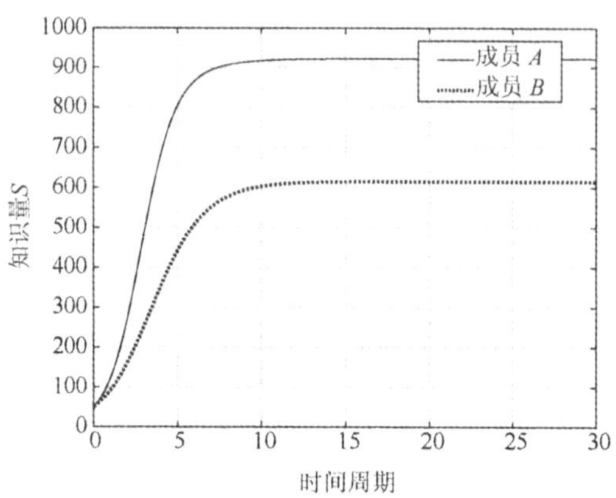

图 7-3　寄生共存模式的成员共生演化结果

从图 7-3 中可以看出，成员共生处于寄生模式时，整个共生过程中知识资源是单向转移流动的。共生系数为正的成员稳定状态的知识存量高于独立发展时的最大知识量，合作促进了成员知识量的增长；共生系数为负的成员稳定状态时的知识存量低于独立发展时的最大知识量，即合作抑制了成员知识量的增长，合作并没有产生新知识。合作使一方受益，合作成本较高或竞争负向影响等因素使另一方受损。

2. 偏利共生模式

根据偏利共生模式的条件，取 $\psi_A = 0.3$， $\psi_B = 0$，成员之间偏利共生的演化结果如图 7-4 所示。

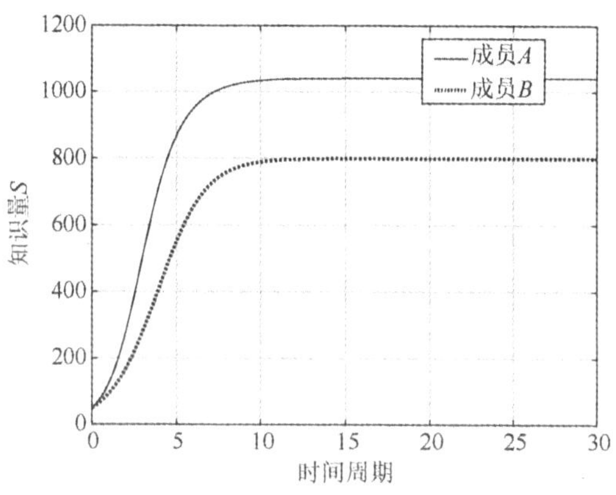

图 7-4　偏利共生模式的成员共生演化结果

从图 7-4 中可以看出，成员共生处于偏利共生模式时，成员合作产生新知识，但只有一方成员获得新知识。这种合作关系对一方有利而对另一方既无利也无损失。共生系数为正的成员稳定状态的知识存量高于独立发展时的最大知识量，合作促进了成员知识量的增长；共生系数为零的成员稳定状态时知识存量等于独立发展时的最大知识量，即合作对成员知识量增长没有影响。

3. 非对称互惠共生模式

根据偏利共生模式的条件，取 $\psi_A = 0.3$，$\psi_B = 0.2$，成员之间非对称互惠共生的演化结果如图 7-5 所示。

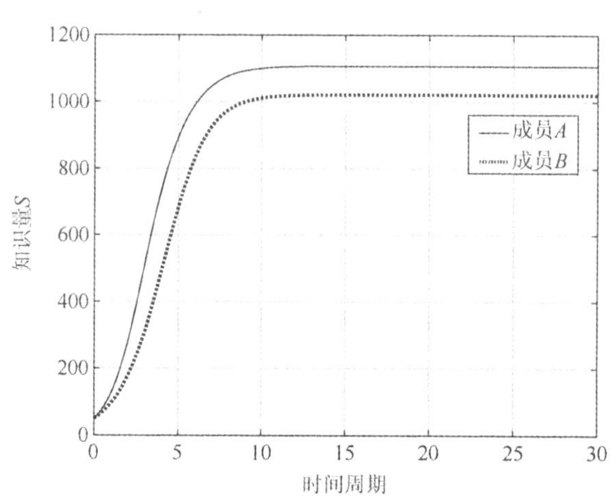

图 7-5　非对称互惠共生模式的成员共生演化结果

从图 7-5 中可以看出，成员共生处于非对称互惠共生模式时，成员合作产生新知识，且新知识在成员之间分配，存在着双向知识交流机制，共生单元共同进化。成员双方稳定状态的知识存量都高于独立发展时的最大知识量，双方都获益于合作，合作推动知识双向流动、融合创新，促进了知识量的增长，但知识增量存在差异，共生系数大的成员知识量增长大于共生系数小的成员。

4. 对称互惠共生模式

1）自然增长率的影响

根据对称互惠共生模式的条件，取 $\psi_A = 0.3$，$\psi_B = 0.3$，成员之间对称互惠共生的演化结果如图 7-6 所示。

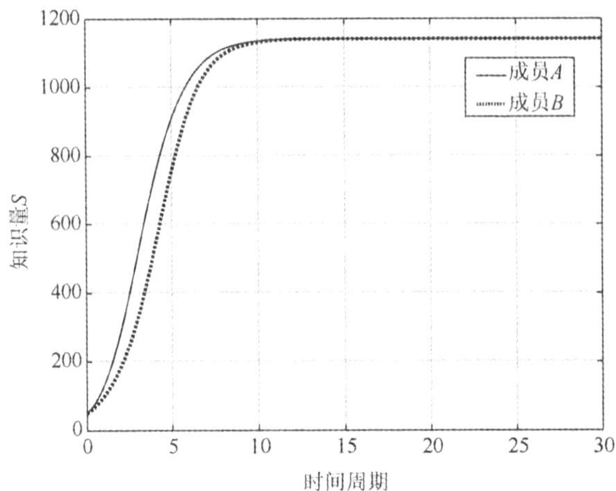

图 7-6　对称互惠共生模式（不同自然增长率）

从图 7-6 中可以看出，成员共生处于对称互惠共生模式时，成员双方稳定状态的知识存量都高于独立发展时的最大知识量，双方的获益程度相等。成员 A、B 的差异是由于知识自然增长率不同，可以看出自然增长率影响共生成员的知识增长速度，但对稳定状态的最大知识规模没有影响，即学习、创新能力强的成员合作时的知识增长速度也会更快。

2）初始知识规模的影响

考察成员初始知识规模对共生演化的影响，取 $r_A = r_B = 1$，$S_{A0} = 50$，$S_{B0} = 200$，演化结果如图 7-7 所示。

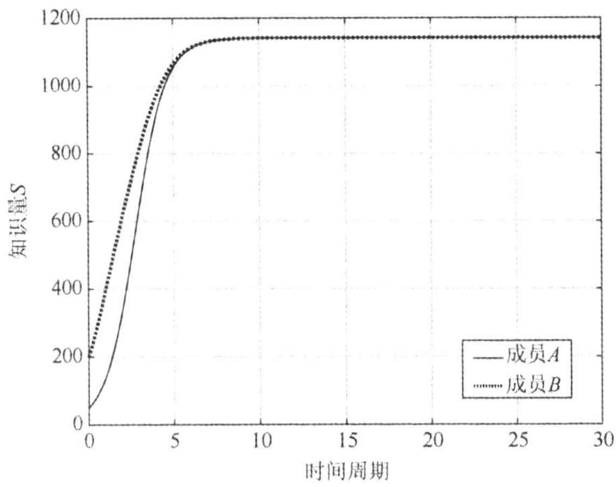

图 7-7　对称互惠共生模式（不同初始知识规模）

从图 7-7 中可以看出，初始知识规模影响共生成员的知识增长速度，但对稳定状态的最大知识规模没有影响，即在其他条件相同时，初始知识量低、知识增长潜力空间大的成员知识增长速度更快。

3）最大知识规模的影响

考察成员独立发展的最大知识规模对共生演化的影响，取 $r_A = r_B = 1$，$\overline{S_A} = 800$，$\overline{S_B} = 600$，演化结果如图 7-8 所示。

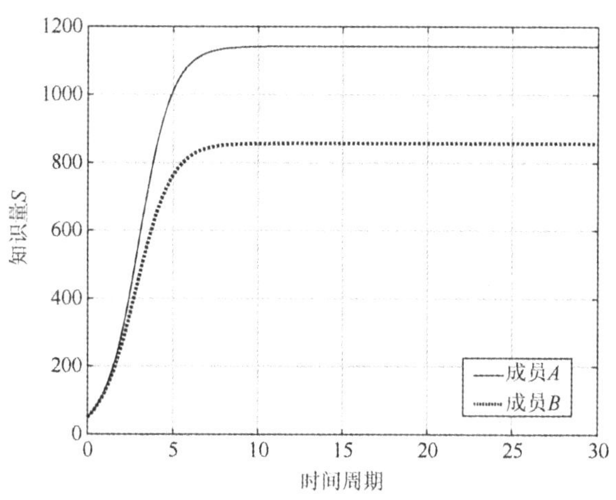

图 7-8　对称互惠共生模式（不同最大知识规模）

从图 7-8 中可以看出，成员独立发展时的最大知识量影响互惠共生稳定状态时的知识规模，即在其他条件相同时，成员独立发展的知识饱和量越大，稳定状态的知识规模也越大，知识增长空间也越大。

7.4.2　相关参数对共生系统演化路径的影响

本节讨论影响共生系数的相关参数对共生系统演化的影响，将共生系数的影响分解细化。$\psi_A = \beta_A(n_B\alpha_B) - \theta_A$，$\psi_B = \beta_B(n_A\alpha_A) - \theta_B$，即共生系数受到合作方的知识贡献水平、成员的知识吸收和创新能力、考虑到跨时空合作的知识损失以及竞争产生的负面效应等因素影响。

1. 知识贡献系数的影响

设 $\beta_A = \beta_B = 0.5$，$\alpha_A = 0.6$，α_B 分别为 0.4、0.6、0.8，讨论互惠共生模式下，不同知识贡献系数对成员共生演化的影响，对成员 A 和成员 B 的知识量演化路径进行仿真，结果如图 7-9、图 7-10 所示。

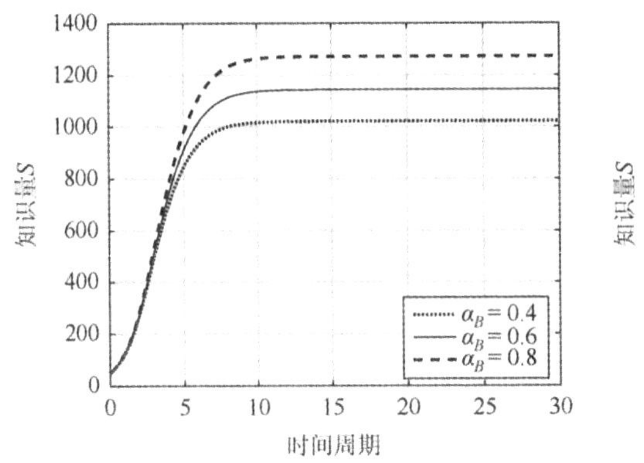

图 7-9　α_B 对成员 A 演化路径的影响

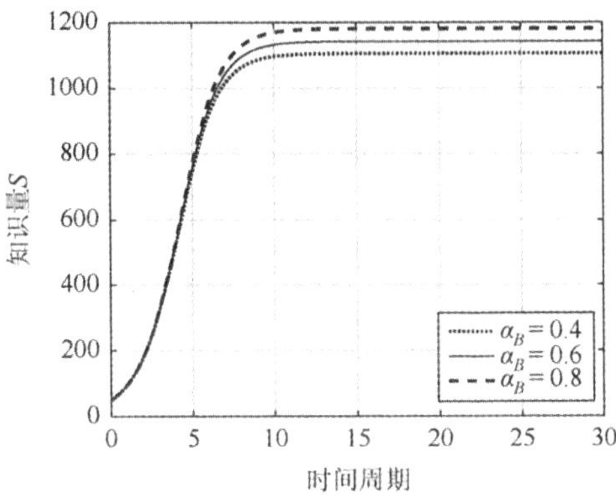

图 7-10　α_B 对成员 B 演化路径的影响

从图 7-9、图 7-10 中可以看出，成员 B 的知识贡献系数越大，成员 A 的知识增长规模越大，同时成员 B 的知识增长规模也越大。即成员知识共享程度越高，合作的效果越好、知识增量越大。除了合作方共享知识的促进作用，自身共享知识也会因为网络内整体知识量的提高而促进自身知识的增长，但合作方的影响作用更大。

2. 价值共创系数的影响

设 $\alpha_A=\alpha_B=0.6$，$\beta_B=0.5$，β_A 分别为 0.2、0.5、1.1，讨论互惠共生模式下，不同价值共创系数对成员共生演化的影响，对成员 A 和成员 B 的知识量演化路径进行仿真，结果如图 7-11、图 7-12 所示。

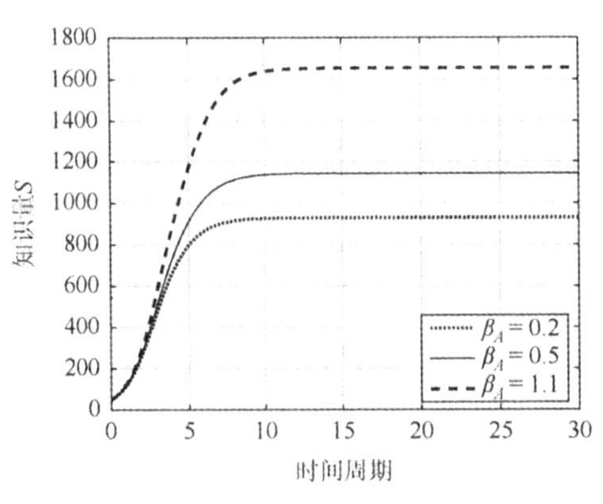

图 7-11　β_A 对成员 A 演化路径的影响

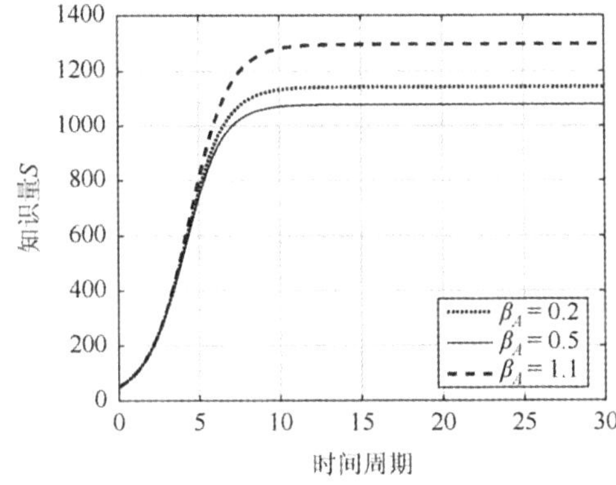

图 7-12　β_A 对成员 B 演化路径的影响

从图 7-11、图 7-12 中可以看出，成员 A 的价值共创系数越大，成员 A 的知识增长规模越大，同时成员 B 的知识增长规模也越大；$\beta_A=1.1$，成员合作创新产生的价值高于合作方共享知识的价值，产生了价值增值和知识增量，此时稳定状态的知识规模有较大的提升。即成员知识互补性越强、吸收能力及转化利用能力越强则合作收益越大，稳定状态的知识规模越大，这种价值共创能力对合作方也有积极的带动作用，合作方受益于网络整体知识量的提升。

3. 知识还原系数的影响

下面讨论跨时空合作情境下存在知识损失的情况，假设成员 A 和成员 B 的知识还原系数相同，设 $n_{A1}=n_{B1}=1$，$n_{A2}=n_{B2}=0.7$，$n_{A3}=n_{B3}=0.5$，$\alpha_A=\alpha_B=0.6$，$\beta_A=\beta_B=0.5$，因成员 A 和成员 B 条件相同，只仿真成员 A 的知识量演化路径，如图 7-13 所示。

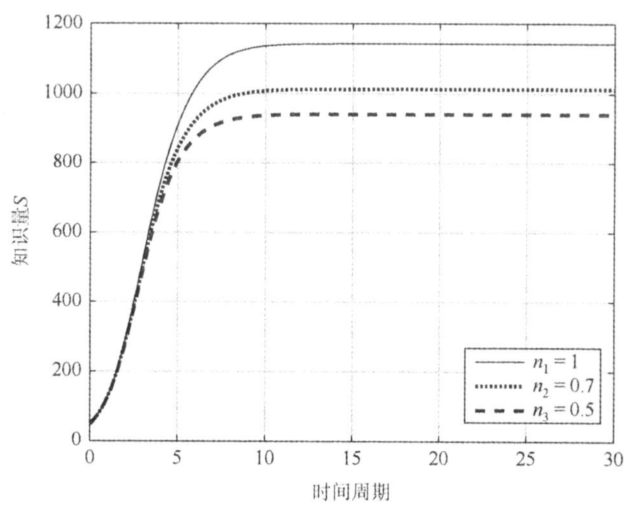

图 7-13　n 对成员知识量演化路径的影响

从图 7-13 中可以看出，成员跨时空合作的知识损失越大、还原系数越小，成员知识增长的规模越小；n_1 为不存在知识损失的情况，稳定状态的知识规模最大。即跨时空对合作效果有一定的制约，同一物理空间内的合作有更好的收益，知识还原系数越大，稳定状态的知识规模越大。

4. 竞争系数的影响

下面讨论存在竞争影响的情况，假设 $n_{A1}=n_{B1}=0$，$n_{A2}=n_{B2}=0.7$，$n_{A3}=n_{B3}=0.5$，$\alpha_A=\alpha_B=0.6$，$\beta_A=\beta_B=0.5$，$\theta_{A1}=0$，$\theta_{A2}=0.1$，$\theta_{A3}=0.4$，成员 B 不存在竞争的影响，对成员 A 和成员 B 的知识量演化路径进行仿真，结果如图 7-14、图 7-15 所示。

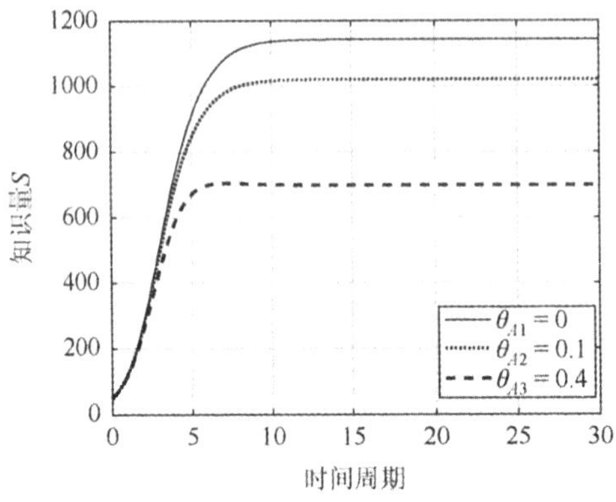

图 7-14　θ_A 对成员 A 演化路径的影响

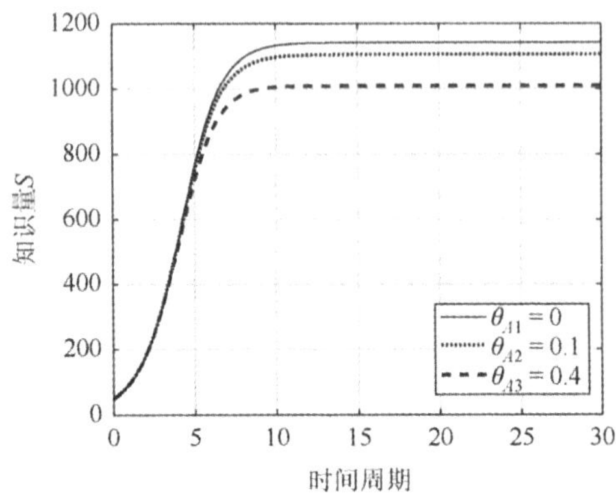

图 7-15　θ_A 对成员 B 演化路径的影响

从图 7-14、图 7-15 中可以看出，成员的竞争影响越大，成员稳定状态的知识规模越小，竞争对成员合作收益有负向影响；θ_{A1} 为不存在竞争影响的情况，稳定状态的知识规模最大；θ_{A3} 超过了 η_{A3}，竞争的影响超过了合作收益，成员 A 在合作共生中处于负收益状态（寄生）。同时成员 A 的竞争系数也会影响成员 B 的知识增长，网络整体受到了竞争影响的制约。

7.5　促进成员合作共生的策略

本节针对模型分析和仿真结果提出以下建议。

一是优化成员共生环境，提高知识贡献系数。在隐性知识流转网的制度设计上推动成员进行广泛交流和社会化互动，如专题会议、现场调研、焦点访谈、对话研讨等，在成员彼此深度接触的过程中刺激成员分享、碰撞、挖掘彼此的思想、观点、技能、经验等隐性知识；通过场景设计为成员提供特别的示范、观察、模仿和迭代场景，深度解读和感知隐性知识要素，通过多维身心互动促进成员对隐性知识的共享和获取，提升成员合作参与意愿和动力。

二是提升质参量兼容度，提高价值共创系数。在隐性知识流转网的构建和节点引入上，根据网络功能和发展战略注重成员知识的互补性和契合度，优化知识资源质量，弥补网络知识关键缺口，提升成员知识的兼容度，放大网络功能。把寄生和偏利共生转向互惠共生模式，通过标准化和制度化的合作机制设计，提高合作效率。以互惠合作为导向引导成员积极参与价值共创，助力成员对隐性知识的精准领悟，提高成员对隐性知识的吸收、利用和再创新的能力。

三是构建成员共生界面，提高知识还原系数。构建隐性知识流转网的合作界面支持体系，成员错时空互动合作已成为常态，基于现代信息通信技术降低时空距离和知识属性引起的知识流转损失，减少非正常性资源消耗。应用远程视频、社交媒体、在线社区、3D 成像、立体仿真模拟等工具在虚拟复合式情境下，反复展示、局部分解缩放、多角度观察，通过多元化复原方式尽可能地将隐性知识原态呈现，提高隐性知识获取的深度和广度。

四是塑造共同愿景目标，降低成员竞争系数。加强隐性知识流转网的顶层设计和成员的行动指南，塑造网络共同目标期望和合作创新理念，建立协同合作的文化环境氛围，促进成员对合作价值的感知，并转化为成员合作的内生动力，通过监督管理机制提高成员间的信任程度，淡化竞争氛围。在网络层面对成员合作行为给予认可，设计外在和内在激励机制，并将其内化为成员合作的自我激励和自主行为，从而消减竞争影响，消除成员的知识垄断心理，减少知识隐藏等机会主义行为。

7.6　本 章 小 结

本章基于种群生态学的共生理论构建隐性知识流转网成员共生模型，探讨了成员的共生关系，分析了成员合作的共生演化过程，对不同的共生演化模式进行了仿真分析。研究结果表明：成员知识量的变化描述了主体成长过程，成长规律符合 Logistic 增长规律，互惠共生是成员合作的最佳演化模式，通过成员双向知识交流创造新知识，成员双方得到共同进化。成员共生演化稳定状态的知识量与成员共生系数和最大知识规模相关，知识自然增长率和初始知识规模影响成员知识增长速度。成员共生系数受到合作效应和竞争效应两方面的影响，共生系数可分解为知识贡献系数、价值共创系数、知识还原系数和竞争系数的综合作用，仿真得出成员知识的共享程度、对提供知识的吸收利用水平及错时空情境下的知识还原程度对成员双方共生演化稳定状态的知识量有正向的影响，竞争程度对稳定状态的知识量有负向影响。

第 8 章　隐性知识流转网成员合作周期划分与判定

8.1　隐性知识流转网成员合作周期概述

大多数关于组织、联盟或网络的成员间合作研究都是静态地研究成员行为，对合作持续过程关注较少[117-119]，对不同成员合作类型的分类也是以属性不同而划分的，没有形成相互关系。直至 20 世纪 90 年代以后，相关学者开始以动态视角研究团队过程。其中，Marks 等整合了组织成员互动过程的相关研究，基于成员互动时间节点构建了包括过渡阶段、行动阶段及人际阶段三阶段的组织发展过程循环阶段模型[120]。此模型描述了成员互动的连续性过程，对以动态观点研究成员互动做出了突出贡献。但此模型是以团队为互动切入点的，对成员合作的阶段性划分仍不够完整，止步于人际阶段，没有对形成良好人际关系的后续互动行为进行阶段性划分。

8.2　成员合作周期的阶段划分及特征模式

8.2.1　成员合作周期的阶段划分

隐性知识流转网是知识节点实现知识流动和合作创新功能的复杂系统，这一系统的运动和演化与任何组织系统的发展一样，其发展轨迹存在着周期性的运动，可以将这种成长循环的周期性过程称为隐性知识流转网的生命周期。与任何组织所具有的周期特性相同，隐性知识流转网包括初建期、形成期、成长期、成熟期和衰退期五个阶段，已有大量学者对组织生命周期进行了深度研究[121, 122]，因此本章不再对此问题进行探讨。不同于一般性组织，隐性知识的默会性特点决定了合作是实现网络功能的必要条件和首要手段。成员的合作既主导了隐性知识流转网的发展过程，同时又受到网络所处阶段的制约，成员合作在网络不同的演化阶段所表现出来的特征具有某些共性。成员合作是一个动态的行为过程，以过程的角度看待持续性的合作，其也具备阶段性特征，这种阶段性特征与网络的生命周期相互吻合，因此可借助组织系统的生命周期理论分析成员合作的循环周期，以修正合作的状态，提高合作的有效性和持续性。

1. 合作试探期——结构性合作阶段

合作试探期是成员合作的起点，是个过渡性阶段。随着知识流转网络的组建，成员作为节点、节点间关系作为边形成了雏形的网络结构，并在网络结构的约束下，试探性地进行合作尝试，分享和获取连边节点的显性和隐性知识。由于网络合作氛围和节点合作意识还没有形成，合作是零散的、低频率的。在这一阶段网络整体结构、节点的网络位置及其关系强度主导和控制了成员间的合作，如由网络规模决定的合作张力[123]、网络聚类产生的监督作用和声誉效应[124, 125]、节点择优连边产生的马太效应、占据结构洞的控制优势和信息优势[126]、弱连接的异质性知识[22]等网络结构所赋予的特性和优势在成员合作中起主要作用。试探性的合作使成员对于网络有了局部性的思考，合作处于摸索发展和反复调整的状态。

2. 合作行动期——博弈性合作阶段

网络初期通过试探性地合作促使网络进一步形成和完善，成员具有了合作概念，开始主动行动以寻求和加强合作。在节点的行动中，网络内部逐渐形成合作制度、契约和运作细则，并不断调整和完善。为了适应网络环境，节点不断调整自身的合作行为，开始为合作行为做计划和安排。在这一阶段，成员合作是由网络内部显性和隐性的合作规范、监督、惩罚和激励制度等框架作用下做出的理性判断主导的，是基于博弈的结果，合作行为是在自身利益的考量和判断下做出的，并受到制度控制。合作效益的引致效应使网络结构也随着成员间的合作而不断变化，如节点中心性、路径长度、联系强弱、网络密度等结构特征伴随合作的优化逐渐向着更利于合作的方向演化。网络结构对这一阶段的合作依然起着重要作用。

3. 合作发展期——关系性合作阶段

通过合作试探期的尝试和行动期的经验积累，成员深刻体验到合作的优势，产生了积极、正向的合作期望、合作意愿。随着合作行动的加深，节点的互动更加频繁、联系更加紧密和持久，节点在合作互动过程中建立起了具体的情感型成员关系，使隐性知识流转网逐渐人格化。长期合作使成员间培养出了深度的情感信任，这种情感型的信任降低了协调成本。节点的情感型关系和网络的人格化在成员合作中起到主导作用。在网络互动过程中，信息和知识资源在不断流动、交换，并伴随着高效率的合作创新。在这一阶段，成员的合作能力在实践中得到了大幅提升，包括知识吸收能力、发送能力、合作创新能力等。节点开始在整体上系统思考网络发展目标、知识流转和合作创新策略，在网络中搭建更加广泛的信息渠道，快速完善数据知识库、合作创新平台等配套条件。

4. 合作稳定期——认知性合作阶段

经过多次的、长期的、历史性的合作，成员逐渐形成了日常化的稳定联系，频繁合作使成员对网络整体有一个全面、系统的理解，成员间建立了默契，网络内生成了共同理解的文化、习惯、经验等隐性知识。网络在共生资源的综合作用下，最终形成了网络成员普遍认同和领会的价值体系与网络愿景，网络结构趋于稳定，并在共享的价值观中趋于模糊，节点以主观意愿和共同努力跨越网络结构的束缚。这种深度嵌入网络整体和各节点中的共同愿景在合作中起到主导作用[127]。合作中经过反复确认和磨合形成的网络共享的语言和符号、合作惯例以及成员间的默会知识使合作效率大幅提升。网络合作制度规范、合作基础条件已经形成健全、完备的体系。

5. 合作惰化期——习惯性合作阶段

经过长时间的知识流转和合作，成员对网络内的知识经过了有效吸收和转化，异质性知识转移空间不断缩小。节点不断同化，在合作中流转的知识流量逐渐减少。并且由于创新的复杂性和不确定性，成员在这一阶段的合作收益显著减少。在合作收益下降、创新能力减弱的情况下，隐性知识流转网逐渐失去了运作前提和基础，部分节点开始选择退出网络，合作模式老化，节点间出现摩擦，网络处于衰退期。在这一阶段，节点已经不积极主动地寻求合作，而是在惯性的主导下意识弱化地合作，合作是消极的、被动的和沉默的，网络中合作滞涩、惰化现象产生。伴随着合作的低效和停滞，网络走向衰落。

组织的消亡并非是不可避免的[128]，网络完全可以通过变革实现再生。在此阶段，积极有效的应对策略可以使网络获取新生，如对网络重新定位和组织，规模化引入异质性节点，加强创新，以合作创新突破周期性瓶颈，都是使网络渡过危机、进入新的周期的有效手段，其中最有效的关键点是持续创新。

8.2.2　成员合作周期各阶段的特征模式

为了准确地判定隐性知识流转网成员合作所处的阶段，需要综合成员合作各阶段的总体特点，提取成员合作在各阶段各方面所表现出来的特征。选择特征因素的基本原则是特征体系应系统、全面地反映出成员合作阶段的特点，同时尽量精简，特征因素应具有典型性、可判别性和可比性。合作各阶段不同特征的主要表现可以归纳为实施主体、外部条件和行为成效三个方面。以合作主体、合作环境、合作效果三个维度，分为 11 个特征因素对成员合作阶段特征进行刻画。合作主体角度包括成员的合作期望与意愿、成员信任程度、成员合作能力三个因素；

合作环境角度包括合作惯例规范、共享合作价值观、合作机制健全度、成员合作协调成本及网络结构稳定性五个因素；合作效果角度包括成员合作效率、网络知识流量、网络知识存量增长三个因素。成员合作周期各阶段的特征模式概括见表 8-1。

表 8-1 成员合作周期各阶段的特征模式

特征因素	合作试探期	合作行动期	合作发展期	合作稳定期	合作惰化期
对应网络阶段	初建期	形成期	成长期	成熟期	衰退期
合作期望与意愿	比较低	一般	非常高	比较高	比较低
成员信任程度	非常低	比较低	比较高	非常高	一般
成员合作能力	比较低	一般	非常高	非常高	比较低
成员合作协调成本	非常高	一般	比较低	非常低	比较高
合作惯例规范	非常低	比较高	比较高	非常高	比较低
共享合作价值观	非常低	比较低	比较高	非常高	一般
合作机制健全度	非常低	比较高	非常高	非常高	一般
网络结构稳定性	非常低	比较低	一般	非常高	比较低
成员合作效率	非常低	比较低	比较高	非常高	比较低
网络知识流量	一般	比较高	非常高	比较高	比较低
知识存量增长	比较低	一般	非常高	非常高	一般

8.3 成员合作阶段的判定模型

8.3.1 模糊贴进度判定模型

成员合作周期的各阶段特征具有模糊性，即目标函数非显性，为综合成员合作各阶段特征的模糊性信息，同时避免分类过程中的信息丢失及主观随意性，采取引入理想点思想的模糊贴进度模型是合适的[129]。贴近度表示两个模糊集合之间的彼此接近程度，衡量各个阶段与标杆模糊集合之间的相对贴近程度，用来判别模糊子集的模式类别。结合专家的判断，确定评价对象决策的参考等级，根据其与评价等级集合的贴近程度进行多目标聚合与分类[130]。

1. 定义模糊语言变量集

首先对成员合作周期的特征因素进行描述。采用专家评判的方式，征询专家对网络中成员合作所表现出的特征打分，以十分制表征对每个特征的具备程度，分值越高表明具备某一特征的程度越高，然后通过柯西型隶属函数将专家分值 x 转换为模糊语言变量集{非常低，比较低，一般，比较高，非常高}进行描述[131]。根据不同语言变量之间的转换关系，定义五个模糊语言变量集：

$$r_{非常低}(x)=\begin{cases}1, & x\leqslant 2\\ \dfrac{1}{1+[(x-2)/2]^2}, & x>2\end{cases} \tag{8-1}$$

$$r_{比较低}(x)=\frac{1}{1+[(x-3.5)/2]^2},\quad 1\leqslant x\leqslant 10 \tag{8-2}$$

$$r_{一般}(x)=\frac{1}{1+[(x-5)/2]^2},\quad 1\leqslant x\leqslant 10 \tag{8-3}$$

$$r_{比较高}(x)=\frac{1}{1+[(x-6.5)/2]^2},\quad 1\leqslant x\leqslant 10 \tag{8-4}$$

$$r_{非常高}(x)=\begin{cases}1, & x\geqslant 8\\ \dfrac{1}{1+[(x-8)/2]^2}, & x<8\end{cases} \tag{8-5}$$

通过以上关系式的转换，专家评判的隐性知识流转网成员合作的特征因素分值得以转化为直接的语言变量进行描述。

2. 确定模糊集和模糊关系矩阵

设隐性知识流转网成员合作特征指标的目标集合为 A ，$A=(a_1,a_2,\cdots,a_m)$ ，$m=11$；成员合作阶段的评价语言变量集合为 V ，$V=(V_1,V_2,\cdots,V_5)$；成员合作周期的合作阶段集合为 T ，$T=(t_1,t_2,\cdots,t_5)$ 。

根据隐性知识流转网成员合作特征因素上的模糊描述，经过式(8-1)～式(8-5)的关系转换得到专家评分与语言变量之间的关系（$A\to V$），决策对象每个目标 $a_i(a_i\in A)$ 的评价值为论域 V 上的一个模糊子集 $\tilde{b}_i=(b_{1i},b_{2i},\cdots,b_{5i})^{\mathrm{T}}$，得到 $A\times V$ 上的模糊矩阵 $\tilde{B}$ 。

根据语言变量与合作周期的关系（$V\to T$），最终确定出专家评分与合作周期的关系（$A\to T$），同样决策对象的每个目标 $a_i(a_i\in A)$ 的评价值为论域 T 上的一个模糊子集 $\tilde{c}_i=(c_{1i},c_{2i},\cdots,c_{5i})^{\mathrm{T}}$，确定出 $A\times T$ 上在全部目标下的模糊关系矩阵 $\tilde{C}$，$\tilde{C}=(c_{ij})$ ，$i=1,2,\cdots,5$ ； $j=1,2,\cdots,11$ 。

3. 非对称贴近度的阶段判定模型

引入特征模糊子集 $\tilde{Q}=(0,0,\cdots,0,1,0,\cdots,0)$，式中第 i 个分量为 1，其他分量为 0。采用非对称贴近度进行多目标决策，非对称贴近度的定义为

$$N(\tilde{X},\tilde{Y})=1-\frac{2}{n(n+1)}\sum_{k=1}^{n}\left|r_X(V_k)-r_Y(V_k)\right|\cdot k \tag{8-6}$$

式中，$N(\tilde{X},\tilde{Y})$ 为模糊子集 $\tilde{X}$ 和模糊子集 $\tilde{Y}$ 的非对称贴进度；$r_X(\cdot)$ 为模糊子集 $\tilde{X}$ 的隶属度；$r_Y(\cdot)$ 为子集 $\tilde{Y}$ 的隶属度；n 为评价等级集合的分量个数。

计算决策对象的单目标 $\tilde{c}_i(i=1,2,\cdots,m)$ 与各评价等级对应的特征子集 $\tilde{Q}_j(j=1,2,\cdots,5)$ 之间的非对称贴近度 $\tilde{Z}_i(Z_{1i},Z_{2i},\cdots,Z_{5i})$：

$$Z_{ji}=N(\tilde{c}_i,\tilde{Q}_j) \tag{8-7}$$

则多目标下的决策矩阵为 $Z=(Z)_{n\times m}=(\tilde{Z}_1,\tilde{Z}_2,\cdots,\tilde{Z}_m)^{\mathrm{T}}$。

根据 TOPSIS（technique for order preference by similarity to an ideal solution）法，取两个参考等级 V^+、V^-，使得

$$\tilde{D}^+=(D_1^+,D_2^+,\cdots,D_m^+)=\left[\max_{j=1\sim5}N(\tilde{c}_1,\tilde{Q}_j),\max_{j=1\sim5}N(\tilde{c}_2,\tilde{Q}_j),\cdots,\max_{j=1\sim5}N(\tilde{c}_m,\tilde{Q}_j)\right] \tag{8-8}$$

$$\tilde{D}^-=(D_1^-,D_2^-,\cdots,D_m^-)=\left[\min_{j=1\sim5}N(\tilde{c}_1,\tilde{Q}_j),\min_{j=1\sim5}N(\tilde{c}_2,\tilde{Q}_j),\cdots,\min_{j=1\sim5}N(\tilde{c}_m,\tilde{Q}_j)\right] \tag{8-9}$$

式中，$\tilde{D}^+$ 为用来定义参考等级 V^+ 的向量；$\tilde{D}^-$ 为用来定义参考等级 V^- 的向量；D_i^+ 为目标（特征指标）i 下最贴切的贴近度，$i=1,2,\cdots,m$；D_i^- 为目标 i 下最不贴切的贴近度；$\tilde{c}_i$ 为任意决策对象的单目标评价；$\tilde{Q}_j$ 为特征模糊子集，$j=1,2,\cdots,5$；$N(\tilde{c}_i,\tilde{Q}_j)$ 为 $\tilde{c}_i$ 和 $\tilde{Q}_j$ 之间的非对称贴近度。

虚拟的参考等级 V^+ 是理想等级，表示在每个目标下将决策对象判定为虚拟等级 V^+ 都是最贴近的。V^- 是负理想等级，表示在每个目标下将决策对象判定为虚拟等级 V^- 都是最不贴近的[132]。

通过比较评价等级集合 V 中的各评价等级与理想等级和负理想等级的贴近程度，可以计算出多目标下的判定结果：

$$\tilde{D}_i=(D_{i1},D_{i2},\cdots,D_{im})=[N(\tilde{c}_1,\tilde{Q}_i),N(\tilde{c}_2,\tilde{Q}_i),\cdots,N(\tilde{c}_m,\tilde{Q}_i)] \tag{8-10}$$

$\tilde{D}_i$ 反映了在多目标下将决策对象判定为第 i 个阶段的贴近程度，用对称贴近度来度量 $\tilde{D}_i$ 与 $\tilde{D}^+$、$\tilde{D}^-$ 的差别和接近程度：

$$\delta(\tilde{D}^+,\tilde{D}_i)=\sum_{k=1}^{m}r_{\tilde{D}_i}(a_k)/\sum_{k=1}^{m}r_{\tilde{D}^+}(a_k) \tag{8-11}$$

$$\delta(\tilde{D}^-,\tilde{D}_i)=\sum_{k=1}^{m}r_{\tilde{D}^-}(a_k)/\sum_{k=1}^{m}r_{\tilde{D}_i}(a_k) \tag{8-12}$$

式中，$\delta(\tilde{D}^+,\tilde{D}_i)$ 为 $\tilde{D}_i$ 和 $\tilde{D}^+$ 的对称贴近度；$\delta(\tilde{D}^-,\tilde{D}_i)$ 为 $\tilde{D}_i$ 和 $\tilde{D}^-$ 的对称贴近度；a_k 为特征指标 k 的分值，$k=1,2,\cdots,m$；$r_{\tilde{D}_i}(a_k)$ 为 a_k 对于模糊子集 $\tilde{D}_i$ 的隶属度；

$r_{\tilde{D}^+}(a_k)$为a_k对于模糊子集$\tilde{D}^+$的隶属度；$r_{\tilde{D}^-}(a_k)$为a_k对于模糊子集$\tilde{D}^-$的隶属度。

计算$\delta(\tilde{D}^+,\tilde{D}_i)/\delta(\tilde{D}^-,\tilde{D}_i)$，根据：

$$\delta(\tilde{D}^+,\tilde{D}_i)/\delta(\tilde{D}^-,\tilde{D}_i)=\max_{j=1\sim5}\delta(\tilde{D}^+,\tilde{D}_j)/\delta(\tilde{D}^-,\tilde{D}_j) \tag{8-13}$$

求出p，即可将决策对象在多目标下的合作阶段判定为属于V_p阶段。

8.3.2　隐性知识流转网成员合作周期判定例证分析

对隐性知识流转网G的成员合作阶段进行判断，成员合作周期所处阶段的综合评价集合为$T=\{$试探期，行动期，发展期，稳定期，惰化期$\}$；语言变量集合为$V=\{$非常低，比较低，一般，比较高，非常高$\}$；专家组对网络G的成员合作特征因素的评分依次分别为$A=\{5,6,5,7,6,6,8,5,7,6,7\}$。

根据式（8-1）～式（8-5）计算专家评分和语言变量的模糊关系矩阵$\tilde{B}$：

$$\tilde{B}=\begin{bmatrix}0.3077&0.2000&0.3077&0.1379&0.2000&0.2000&0.1000&0.3077&0.1379&0.2000&0.1379\\0.6400&0.3902&0.6400&0.2462&0.3902&0.3902&0.1649&0.6400&0.2462&0.3902&0.2462\\1.0000&0.8000&1.0000&0.5000&0.8000&0.8000&0.3077&1.0000&0.5000&0.8000&0.5000\\0.6400&0.9412&0.6400&0.9412&0.9412&0.9412&0.6400&0.6400&0.9412&0.9412&0.9412\\0.3077&0.5000&0.3700&0.8000&0.5000&0.5000&1.0000&0.3077&0.8000&0.5000&0.8000\end{bmatrix}$$

根据表8-1的对应特征标准计算专家评分和成员合作周期的模糊关系矩阵$\tilde{C}$：

$$\tilde{C}=\begin{bmatrix}0.6400&0.2000&0.6400&0.8000&0.2000&0.2000&0.1000&0.3077&0.1379&0.8000&0.2462\\1.0000&0.3902&1.0000&0.5000&0.9412&0.3902&0.6400&0.6400&0.2462&0.9412&0.5000\\0.3077&0.9412&0.3077&0.2462&0.9412&0.9412&1.0000&1.0000&0.9412&0.5000&0.8000\\0.6400&0.5000&0.3077&0.1379&0.5000&0.5000&1.0000&0.3077&0.8000&0.9412&0.8000\\0.6400&0.8000&0.6400&0.9412&0.3902&0.8000&0.3077&0.6400&0.2462&0.3902&0.5000\end{bmatrix}$$

根据式（8-6）的非贴近度定义和式（8-7）计算决策矩阵Z:

$$Z=\begin{bmatrix}0.3971&0.3064&0.4857&0.5203&0.3695&0.3064&0.2854&0.3731&0.4261&0.3801&0.3431\\0.4691&0.3444&0.5577&0.4603&0.5178&0.3444&0.3934&0.4396&0.4477&0.4084&0.3938\\0.3085&0.5241&0.3750&0.3284&0.5872&0.5872&0.5854&0.5577&0.6844&0.3095&0.5277\\0.3270&0.5105&0.3048&0.3215&0.4455&0.4455&0.6011&0.4193&0.7003&0.3337&0.5646\\0.3491&0.5610&0.3934&0.5285&0.3868&0.5610&0.4165&0.4617&0.5432&0.2162&0.4846\end{bmatrix}$$

根据式（8-8）计算正理想点$\tilde{D}^+$：

$$\tilde{D}^+=(0.4619,0.5610,0.5577,0.5285,0.5610,0.6011,0.5577,0.7003,0.4084,0.5646)$$

根据式（8-9）计算负理想点$\tilde{D}^-$：

$$\tilde{D}^-=(0.3085,0.3064,0.3048,0.3215,0.3695,0.3064,0.2854,0.3731,0.4261,0.2162,0.3431)$$

根据式（8-10）得到网络G到各个合作阶段的贴近度向量$\tilde{D}_i$：

$$\tilde{D}_1=(0.3971,0.3064,0.4857,0.5203,0.3695,0.3064,0.2854,0.3731,0.4261,0.3801,0.3431)$$

$$\tilde{D}_2=(0.4691,0.3444,0.5577,0.4603,0.5178,0.3444,0.3934,0.4396,0.4477,0.4084,0.3938)$$

$\tilde{D}_3 = (0.3085, 0.5241, 0.3750, 0.3284, 0.5872, 0.5241, 0.5854, 0.5577, 0.6844, 0.3095, 0.5277)$

$\tilde{D}_4 = (0.3270, 0.5105, 0.3048, 0.3215, 0.4455, 0.5105, 0.6011, 0.4193, 0.7003, 0.3337, 0.5646)$

$\tilde{D}_5 = (0.3491, 0.5610, 0.3934, 0.5285, 0.3868, 0.5610, 0.4165, 0.4617, 0.5432, 0.2162, 0.4846)$

根据式（8-11）和式（8-12）计算 $\tilde{D}_i$ 与正、负理想点的对称贴近度及其比值：

$$\delta(\tilde{D}^+, \tilde{D}_1) / \delta(\tilde{D}^-, \tilde{D}_1) = 0.8109$$

$$\delta(\tilde{D}^+, \tilde{D}_2) / \delta(\tilde{D}^-, \tilde{D}_2) = 1.0522$$

$$\delta(\tilde{D}^+, \tilde{D}_3) / \delta(\tilde{D}^-, \tilde{D}_3) = 1.3013$$

$$\delta(\tilde{D}^+, \tilde{D}_4) / \delta(\tilde{D}^-, \tilde{D}_4) = 1.1709$$

$$\delta(\tilde{D}^+, \tilde{D}_5) / \delta(\tilde{D}^-, \tilde{D}_5) = 1.1082$$

根据式（8-13）判定隐性知识流转网 G 的成员合作处于第三阶段（合作发展期），成员合作在良性轨道发展，可针对成员合作发展期的特点和属性采取适宜的管理策略，继续加强网络 G 的成员间合作，提高合作效率和水平。

8.4　成员合作周期的管理启示

隐性知识流转网中成员合作的不同阶段具有不同的特征和任务，对成员合作阶段的科学判断，能够准确把握成员合作的基本状态、合作模式和主要任务，以有针对性地采取相应措施加强和改善合作，提高合作效率，延长合作周期，并完善知识流转网络系统。网络管理者应根据合作所属阶段进行综合管理，节点应根据合作所属阶段适应性地调整自身策略以加强合作。

合作试探期的主要任务是搭建合作网络、建立节点间的联系、为合作提供载体条件，核心是主动优化网络结构，加强节点的网络嵌入性，协助节点适应复杂的网络环境，节点应根据对网络环境的适应不断调整行动策略。在网络组建的阶段，节点就应思考网络的目标、合作的策略，对在网络中的行为做出计划。

合作行动期的主要任务是建立合作的制度和规范，为了加快制度建设，应由网络核心节点或网络首席执行官（chief executive officer，CEO）实施推动。在这些显性和隐性的合作制度中，广义的监督机制尤为重要，包括监督合作行为、观察合作绩效差异、提供合作反馈意见等。为了降低网络内的信息不对称，节点应表现出正向的合作意愿，并证明为加强合作而努力的动机。

合作发展期的主要任务是培养出浓厚的合作氛围，形成网络凝聚力，加深人际情感和成员信任，使网络内各节点真正地融为一体，相互需要、共同成长。情感建立需要过程，信任的感知是建立在多次合作的基础之上的，因此信任和情感的建立是在网络初建期就开始，持续在整个合作周期中的。另外，应进一步建立完备的合作平台和畅通的合作渠道，完善数据库、知识储备库建设。

合作稳定期的主要任务是在网络内形成以合作创新为主题的共享的价值体系、网络愿景和共同目标。通过网络长时间运作形成的共同目标能够有力地推动成员合作。共享的价值观和网络愿景能够突破各种主、客观条件的限制，模糊合作界限，提高合作效率。进一步强化和规范网络中已经形成的共同的语言、符号、惯例、隐喻。惯例的形成是具有长期性的，节点应充分利用此阶段的网络运作优势，将成员合作作为常态，提高合作的频率、速度和幅度，以更多地获得知识增量。

合作惰化期的主要任务是对网络进行重新定位和组织，加强网络治理，设计合作创新的新路径。通过对成员合作的历史和现状进行评价和自省，总结合作经验，重新调整网络发展战略和合作策略，为未来合作和行动做出新的计划和安排，延长合作的持续性。集中一切资源加强合作创新，以持续的创新突破网络运作瓶颈，并吸引拥有异质性知识的节点加入，调整网络结构，扩大网络规模，推动网络跨入新的成员合作周期。

8.5 本章小结

本章系统地讨论了成员合作的周期性过程，分析了成员合作周期的规律。将成员合作的持续过程划分为五个阶段，提炼出成员合作的类型，总结了不同阶段所表现出来的共性，分析了成员合作各阶段的特征，以实施主体、外部条件及行为成效三个维度提取了合作特征因素。基于贴近度的分类分析法提出了成员合作阶段的判定方法，对成员合作各阶段提出了对策建议。研究有助于理解成员合作的发展规律，科学判断合作状态，有针对性地采取相应措施加强和改善合作，以延长合作周期，提高合作效率，改善网络管理，进而推动隐性知识流转网的顺利运行。

第 9 章　隐性知识流转网不同节点类型知识合作的系统动力学模型

隐性知识流转网中的节点依据实际运营状况可以划分为核心节点和非核心节点[133]。节点的知识交流不仅体现在网络内部，也体现为不同组织之间的知识溢出。知识从知识势能高的核心节点流向势能低的非核心节点称为正向知识溢出，非核心节点为核心节点提供贴近应用前沿的知识被称为反向知识溢出[134]。知识节点在网络内知识共享的基础上进行创新活动，更有利于技术更迭和网络系统升级。在知识网络中知识、信息和技术一旦溢出，会迅速被同类节点运用的场景下，研究不同类型节点之间的交流合作，促进具有领先优势的核心节点正向知识溢出和众多小而繁多的非核心节点进行反向知识溢出具有重要意义[135]。一方面，核心节点的知识溢出对整体网络发展产生较大的影响，通过核心节点的带动作用促进非核心节点的发展[136, 137]。另一方面，随着创新复杂度的增加，非核心节点对于核心节点的反向知识溢出正在不断增加，部分非核心节点已经从原来的技术学习方转化为提供方，组织中核心节点在一定程度上也依赖于非核心节点的反向知识溢出[138]。

9.1　不同类型节点合作相关概念基础

9.1.1　节点类型

核心节点是指知识技术自主创新能力较强、在行业中领先、能够引导行业发展趋势的节点，核心节点具有知识存量较多、行业内影响力大、带头作用较强的特点。核心节点的优势在于拥有其他节点没有或少有且难以被模仿的隐性知识和技术，拥有长期稳定的社会关系所形成的核心竞争力。

非核心节点是指自身知识储备量较少、影响力不大、知识存量在网络中所占比重较小的节点。非核心节点数量较多，在发展过程中调整灵活性强、创新惯性小[139]。非核心节点通常依附于核心节点先进技术[140]，创新模式主要是通过外部学习，进一步内化整合形成自身知识。对于隐性知识和先进技术的学习，一方面来自核心节点有意识的知识输出，另一方面是网络内不可避免的知识溢出。

传统思维中，网络中核心节点为创新带领者，非核心节点为创新跟随者，通常充当知识接收者和少部分输出者的角色。实际上非核心节点在网络中，不仅仅是对核心节点的依附关系，与核心节点的合作关系也越来越强。核心节点与其合作，主动建立利益共同体，说明非核心节点的知识输出能力正在不断加强，且核心节点与非核心节点的身份也经常发生变化，非核心节点突破技术难题，取得核心地位的现象层出不穷，核心节点也会因为种种原因导致地位下滑。随着网络的演化，在重要程度上非核心节点也有机会取代核心节点的位置。

根据节点创新意愿，核心节点主要分为两种，一种是竞争意愿较强的节点，想要不断提高创新效率、产出创新成果；另一种则希望保持现状，不愿再面对创新风险，只要保存好现有核心技术，不被其他节点学习。同样，非核心节点中也包括上述两种情况，一种希望持续处于核心节点的庇护当中，仅在合作网络中搭便车；另一种则不断要求进步，积极创新，寻找适合自己的定位，争取有朝一日跻身核心节点行列。

9.1.2 创新生态系统

创新生态系统是由不同类型的经济组织，以长期共同发展、互惠互利为前提，建立的密切又相对自由的系统网络[141]，创新生态系统主体角色可以为政府、科技企业、高等院校、科研院所、中介机构、金融机构和知识用户等。隐性知识流转网本质上具有创新生态系统的特征，网络内部各主体之间的差异，促进其相互学习知识、借鉴经验，在此基础上加以创新，形成自身发展优势并在网络内产生价值，促进良性互动关系，形成创新生态系统，寻求可持续发展[142]。创新生态系统是一种状态形式存在的、不同组织发展创新的“聚集地”[143]。各组织之间相互借鉴可参考之处，不断完善提升价值。同时进行着激烈的创新竞争，促进知识产品和技术升级换代，并在此过程中积累发展经验[144]。

9.1.3 创新开放程度

知识节点为了稳定保持竞争优势，通常在研发的同时注重先进技术与核心技术的保密性。由于社会技术更迭速度不断加快、竞争环境变化、竞争对手增多，核心节点与非核心节点同样面临被赶超的风险，核心节点保住核心位置，已经不能仅限于只对自我研发的技术进行独享，需要借助非核心节点的力量巩固领先位置。数字技术和信息技术的发展也推动网络内、外部技术的融合，使节点通过相互学习，节约不必要的研发成本，提升创新效率。从成功节点的发展案例中可以看出，创新活动大多出现在开放的大环境当中。创新能力相对较弱的节点如果能够吸收利用核心节点的竞争优势，并通过正确的方式加以创新，甚至能够取得比核心节点更大的知识流量。创新不再局限于组织内部，各种方式汇集的有利信息加以融合都是创新开放程度的重要内容[145]。正是由于处在创新开放的环境中，非核心节点有机会跻身核心节点的行列，并且也能够促使核心节点在被非核心节点赶超的压力之下，进一步不断提高自身创新能力和创新产出，升级换代，开发出更符合时代需要的创新产品。

9.1.4　知识溢出

知识溢出源于节点间知识存量不对等，由核心节点向非核心节点的溢出称为正向知识溢出，反之，非核心节点向核心节点的溢出即反向知识溢出[146]。核心节点由于自身发展需要，通过正向知识溢出吸引发展需要的外部知识。核心节点在知识溢出发生的同时，对整个网络的发展起到至关重要的作用，是隐性知识流转网生态系统知识积累最主要的来源。非核心节点为了提升自身知识存量，不断学习核心节点的先进知识和技术，与自身知识相融合，再转化为适应市场需求的知识和技术，是核心节点掌控核心地位必不可少的外部要素。正向知识溢出是核心节点为争取核心地位并吸引有价值的合作伙伴，除被动被非核心节点观察学习外，也有选择地将部分隐性知识透露给非核心节点[147]。非核心节点通过学习行为和再加工，形成靠近前沿的知识技术，快速提升知识存量，增加在网络中立足的机会。这部分具有一定应用范围的知识作为非核心节点特有的资源，也正是核心节点所需要的，因此，它成为非核心节点与核心节点之间互换所需资源的筹码，反向知识溢出成为双方互利共赢的重要手段。二者相互需要，又在资源互换过程中不断寻找能够拉开差距的阈值。

9.2　节点合作系统动力学模型构建

9.2.1　节点合作相关要素定义

将参与主体主要参数设定为核心节点知识存量、非核心节点知识存量与创新网络生态系统知识存量。通过建立系统动力学模型对节点知识溢出的一系列影响因素进行模拟仿真，在系统设定的仿真周期内，通过调整可控变量的开放程度观察可控变量对参与要素的影响。具体的设计思路如下：首先，为系统动力学模型的正常运行设定前提假设；其次，基于已有基础绘制因果关系图；最后，设定体现变量间关系的方程及相关参数。节点合作要素的定义及其影响如表 9-1 所示。

表 9-1　节点合作要素的定义及其影响

要素	定义	影响
知识阈值	节点保留核心优势前提下知识溢出的临界值[148]	知识阈值设定值越高，知识溢出越多
创新网络生态系统知识存量	正向知识溢出、反向知识溢出和知识淘汰量累积[149]	行业创新发展越快，创新网络生态系统知识存量越多
核心依赖需求	非核心节点发展过程中对正向知识溢出的依赖程度[150]	非核心节点竞争意愿越强，依赖需求越高
知识吸收能力	对外部知识的再认识、再挖掘、再整合、再加工行为[151]	知识吸收能力越强，说明节点学习外部知识的能力越强
非核心节点反向知识溢出	非核心节点向创新网络生态系统提供知识存量的方式[152]	反向知识溢出增加，创新网络生态系统知识存量增加
核心节点知识共享系数	核心节点知识共享意愿[153]	核心节点知识共享意愿越强，系数越大
自主创新能力	节点自主创新所需的资金、技术、人才等资源[154]	节点行业竞争力越强，自主创新能力越强
知识淘汰率	行业技术升级产生的知识技术更新换代[155]	知识淘汰率越高，知识淘汰量越多
核心节点知识存量	核心节点拥有的人才技术知识储备[156]	核心节点知识存量增长会带动创新网络生态系统知识存量增长

9.2.2　相关假设及参数设定

1. 相关假设

本节以节点间知识溢出视角提出以下假设。

H1：知识网络中节点间合作和竞争并存，网络中知识和技术在特定时间内满足节点需要。

H2：核心节点为创新主体，在网络中有正向知识溢出，但同时也会吸收来自非核心节点的反向知识溢出。

H3：非核心节点发展依靠内部研发和通过向核心节点学习两种方式获取，非核心节点并非单纯依靠核心节点的知识溢出，而是在此基础之上二次创新形成适合节点自身和市场需要的知识和技术。

H4：反向知识溢出量存在一定的界限，限制在节点设定的范围内。

H5：节点通过创新活动提升知识存量。通过创新核心节点保持领先优势，非核心节点在一定程度上摆脱核心节点的控制。

H6：知识溢出有利于节点之间相互学习，共同提高竞争力。

为此，可以建立如图 9-1 所示的因果关系图来表示网络中核心节点和非核心节点的行为及其影响因素。

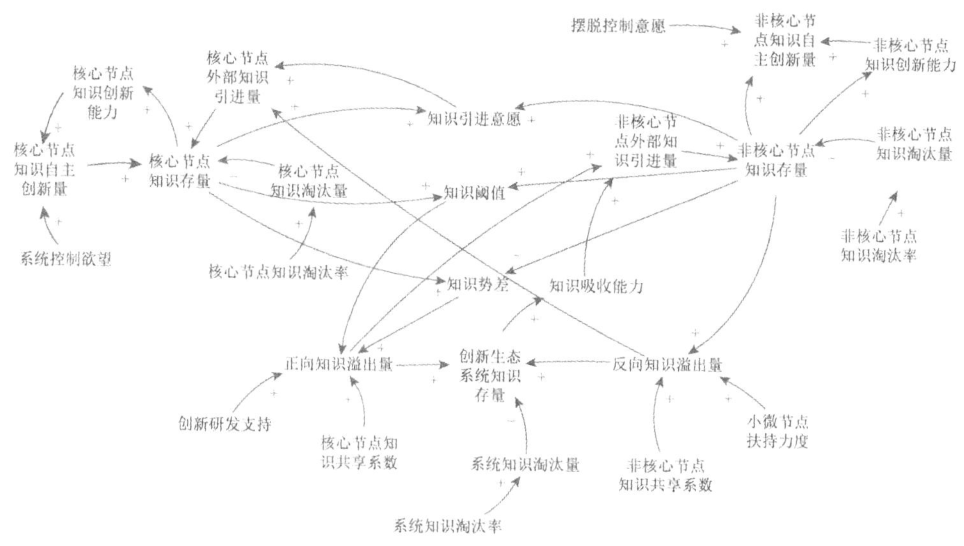

图 9-1　节点合作因果关系图

2. 系统动力学方程及参数设定

方程及参数的设定是模型运行的重要环节，方程设置以符合现实发展规律为前提。在阅读大量文献和梳理节点调研的相关数据的基础上，可以对模型中的参数数值进行初步设定。根据非核心节点在实际运营中的现实状况，本节对模型所涉及变量的方程进行了设计，主要方程如下。

（1）模型以月为单位，INTIAL TIME = 0，表示所选取的数据初始时间为 0。

（2）时间间隔设置为 1，FINAL TIME = 60，表示所选取的数据最终时间为 60 个单位。

构思思路：非核心节点发展必然经历探索、学习、加工、创新的过程，最后内化为属于自己的市场竞争优势，是一个长期的过程。因此，为保证模拟结果的准确性，设置模拟时间为 60 个单位。

（3）创新生态系统知识存量 = INTEG（非核心节点知识存量 + 核心节点知识存量–系统知识淘汰量，0）

构思思路：创新生态系统的知识积累发生于核心节点与非核心节点开始有知识共享意愿之时，因此初始量设置为 0。

（4）核心节点知识存量 = INTEG（核心节点知识自主创新量 + 核心节点外部知识引进量–核心节点知识淘汰量，10）

（5）非核心节点知识存量 = INTEG（非核心节点知识自主创新量 + 非核心节点外部知识引进量–非核心节点知识淘汰量，1）

（6）核心节点知识淘汰量 = STEP（核心节点知识淘汰率×核心节点知识存量，1）

构思思路：核心节点的内部创新是在一定程度的封闭环境内产生的，不可避免会出现一部分不能被市场需要的以及短时间内淘汰的知识，因此知识淘汰本节通过阶跃函数表示。

（7）非核心节点自主创新量＝摆脱控制意愿×非核心节点创新能力×非核心节点知识存量

（8）知识阈值＝非核心节点知识存量/核心节点知识存量

（9）知识势差＝核心节点知识存量/非核心节点知识存量

（10）创新生态系统知识淘汰量＝创新生态系统知识存量×系统知识淘汰率

9.3 系统仿真与分析

9.3.1 系统流图

采用 Vensim PLE 软件对系统动力学模型进行仿真分析，设定模型运算时间为 60 个单位。为了简化模型结构、方便运算，本节对因果关系图进行了简化，得到系统流图，如图 9-2 所示。

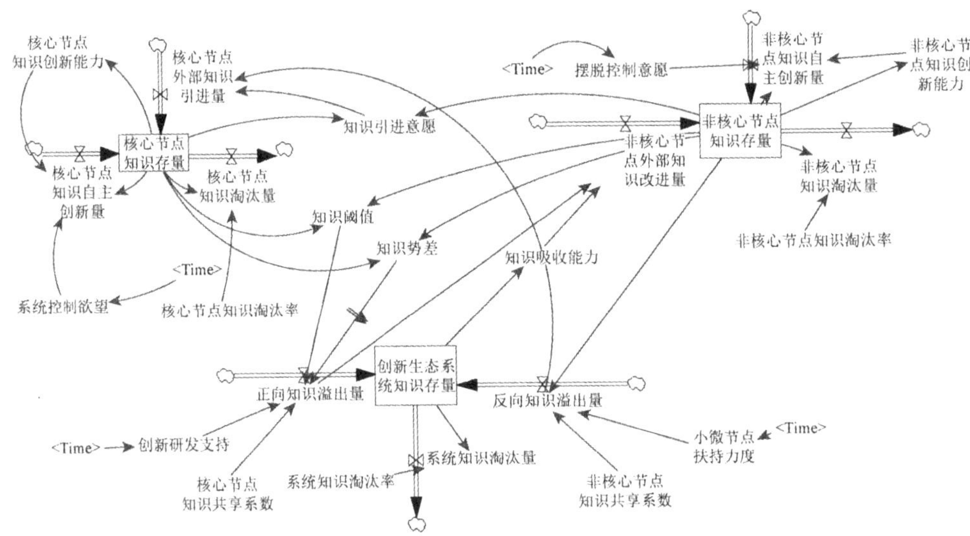

图 9-2 节点间知识溢出系统流图

9.3.2 模型有效性检验

系统动力学在进行相关模拟分析之前，需要对其进行有效性检验，通过观察影响因素的变化趋势，分析模型是否符合实际情况、运行过程是否真实合理，有效性检验符合要求，才能进行下一步操作，用来解决现实问题。通过运行 Vensim PLE 的相关程序，得到初步的仿真模拟结果，如图 9-3 所示。

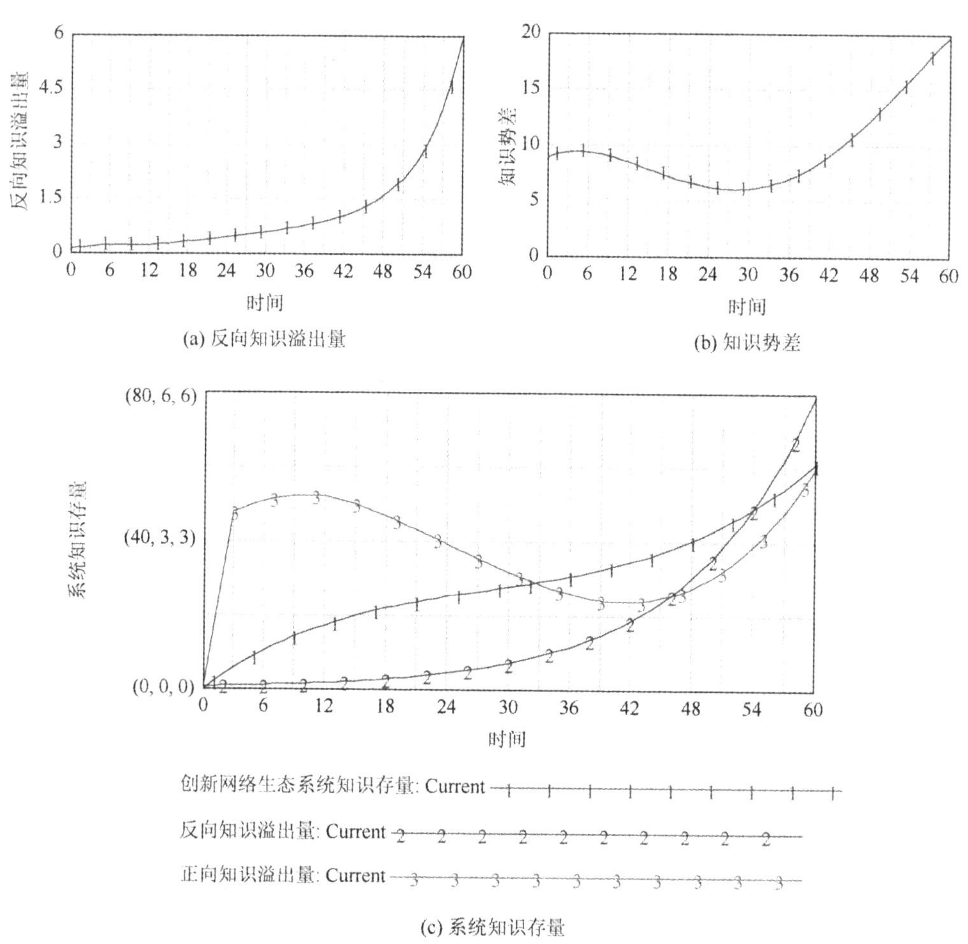

图 9-3 有效性检验结果图

图 9-3 中的“Current”表示当前条件状态，图 9-3（c）中纵坐标括号中的 3 个数值分别对应线条 1、2、3 的值。

通过有效性检验结果可以看出，创新网络生态系统知识存量整体呈现增长趋势。从图 9-3 中可以看出，最初 14 个单位时间，曲线斜率较大，即前段时间增长速度较快。从 15 个单位时间起，图中曲线变化趋势较为平缓，即中期网络生态系统知识存量增长速度减慢，后期又继续提高。主要由于生态系统的知识存量需要进入网络的节点通过摸索经验和创新进行知识累积，因此，最初知识存量的增长速度较快。随着进入市场的节点越来越多，核心节点为了保证自身优势，对非核心节点的经验渗透不同于初始时期，有意识地减少知识溢出，将溢出量限定在自己可控范围之内[157]。因此，中期创新网络生态系统知识存量增长速度减慢。后期，非核心节点出于竞争和发展需要，不断研究学习，自主创新能力增强，反向知识溢出增加，带动创新网络生态系统知识存量整体继续增长。知识势差随着核心节点的知识溢出以及非核心节点的不断学习逐渐减小，但核心节点出于自我保护需要，不会任由其无限减小，因此从第 30 个单位时间起势差再次拉大。

非核心节点由于数量众多，竞争较为激烈。因此，非核心节点通过反向知识溢出持续为核心节点提供价值，换取所需要的竞争优势，提高影响力，在同水平非核心节点的竞争中获取更多的优势。从图 9-3 中可以看出，反向知识溢出总体呈逐步增长趋势，前 5 个单位时间反向溢出速度较快，但由于自身资源有限，在第 6 个单位时间由于资源限制，溢出水平稍有回落，是非核心节点一个不断调整和适应的过程。随着核心节点对非核心节点的反向知识溢出依赖越来越强，而非核心节点出于寻求核心节点庇护的需要或在不断创新中寻求反超核心节点的机会，二者会不断相互选择，建立良好的合作关系，因此后期非核心节点反向知识溢出增长速度加快。

从隐性知识流转网生态系统走势和非核心节点反向溢出走势可以看出，该模型能够有效模拟出节点间知识溢出过程与网络生态系统知识存量的发展状况，符合实际节点发展规律。说明该模型能够有效反映出影响非核心节点反向知识溢出的各要素之间的动态关系，由此可以进行后续的灵敏度分析。

9.3.3　灵敏度分析

本节进行灵敏度分析，通过对参数进行调节，观察数值变化前后导出模型之间存在的不同，分析走势变化形成的原因，并得出结论，为现节点更好地发展与合作提供理论建议作为参考。通过调节核心节点知识共享系数、小微节点扶持力度、创新研发支持力度进行灵敏度分析，观察其变化对正反向知识溢出及创新生态系统知识存量的影响。

1. 调节核心节点知识共享系数

核心节点的知识共享一方面是为了扩大集群内的节点数量，另一方面是出于与非核心节点合作的需要。非核心节点由于同类型节点众多，竞争压力大，不得不通过反向知识溢出为核心节点提供持续性价值。以此换取核心节点有意识的知识溢出，取得更多的市场份额，在众多非核心节点的激烈竞争中立足。其中，知识溢出意味着与同行分享自身的核心资源，丧失一部分核心竞争力，面临被同行赶超的风险。因此，对于知识共享，大部分节点持观望态度，不敢轻易提高共享系数。为了研究知识共享对知识溢出的影响，该模型将调节核心节点知识共享系数来观察前后变化。将核心节点知识共享系数提高 20%，得到 Current +（在当前条件状态下提高系数），将核心节点知识共享系数降低 20%，得到 Current–（在当前条件状态下降低系数），结果如图 9-4 所示。

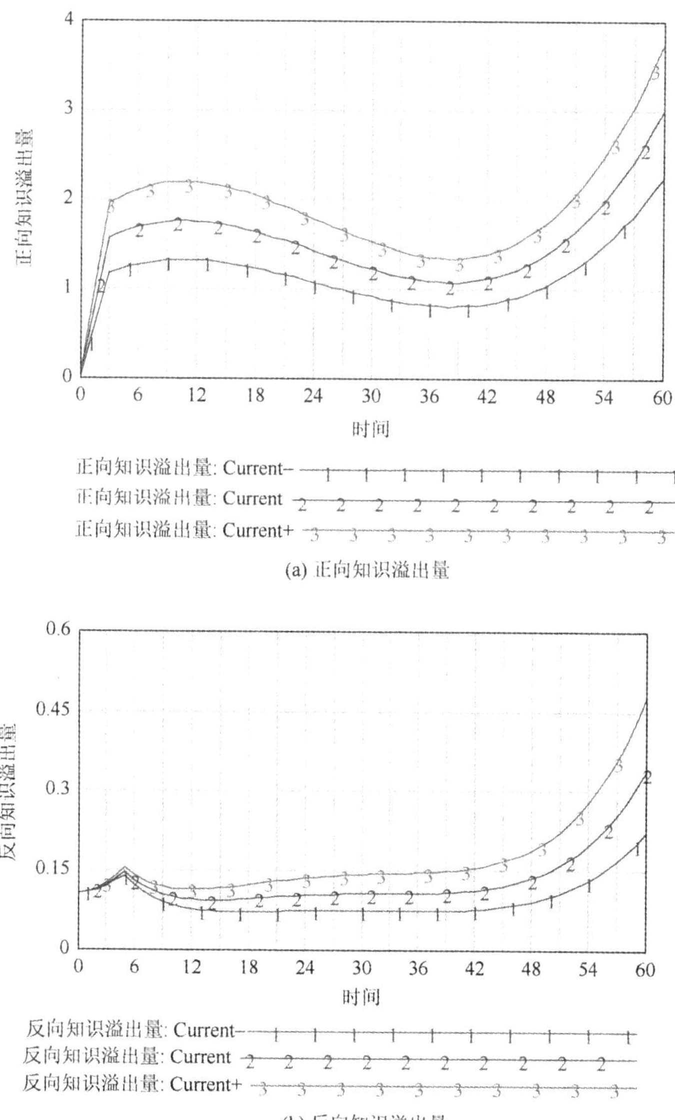

(a) 正向知识溢出量

(b) 反向知识溢出量

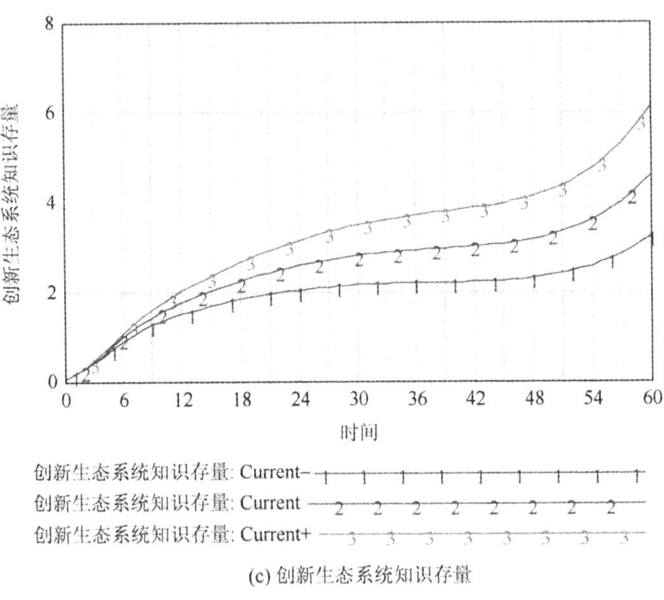

(c) 创新生态系统知识存量

图 9-4　知识共享系数灵敏度检验

由图 9-4 可以看出，提高核心节点知识共享系数，正向知识溢出量和非核心节点反向知识溢出走势都较之前有所提高，对创新生态系统知识存量有明显的促进作用，说明知识共享对于反向知识溢出具有正向激励作用。核心节点知识共享系数在同等增长幅度下，作用会高于非核心节点，原因在于核心节点在网络中比非核心节点具有更多知识和技术存量，拥有更大的影响力，其知识溢出更有利于吸引网络内新兴节点的关注，获得更多非核心节点与其合作的意愿。而非核心节点无论想要寻求核心节点的庇佑还是出于竞争需要，都依赖于核心节点的知识溢出，提高共享系数，更能够激发非核心节点的学习和竞争热情。

另外，知识共享有减少自身优势资源的倾向，面临着被其他节点赶超的风险。因此，节点对知识共享会存在一定的抵触心理。想要提高网络内部的知识共享，一方面需要给予节点之间自由合作的空间，不过分干预。核心节点需要非核心节点为其提供外部知识，强化自身的核心地位，自然会通过控制在一定范围内的知识共享去吸引非核心节点，发挥凝聚作用。部分非核心节点依靠核心节点的庇佑生存，也会充分发挥自身优势寻找与核心节点合作的机会。另一方面，也需要管理者发挥职能，加强知识共享引导，进一步促进核心节点与非核心节点之间的密切合作。建立网络内部的知识共享补偿和奖励机制，使节点在不损害自身利益的同时，增强知识共享意愿。对于积极促进网络发展并取得较大创新价值的节点，网络管理者可以给予名誉奖励，在适当情况下给予政策支持。

2. 调节非核心节点扶持力度

网络发展不断更新换代，一味守旧不可能持续保持领先优势。因此，节点必须不断学习先进经验，增强自主创新能力，在一定程度上需要网络组织扶持。刻板意义上大多数人以为创新活动仅仅产生于核心节点内部，非核心节点只扮演跟随者形象。但研究发现，非核心节点同样拥有自主创新能力，以及在学习先进技术的基础上二次加工创新的能力。为了帮助非核心节点更好地发展，网络组织可以采取一定的帮扶措施。为研究其影响，将小微节点扶持力度提高 20%，得到 Current +。降低 20%，得到 Current−，如图 9-5 所示。

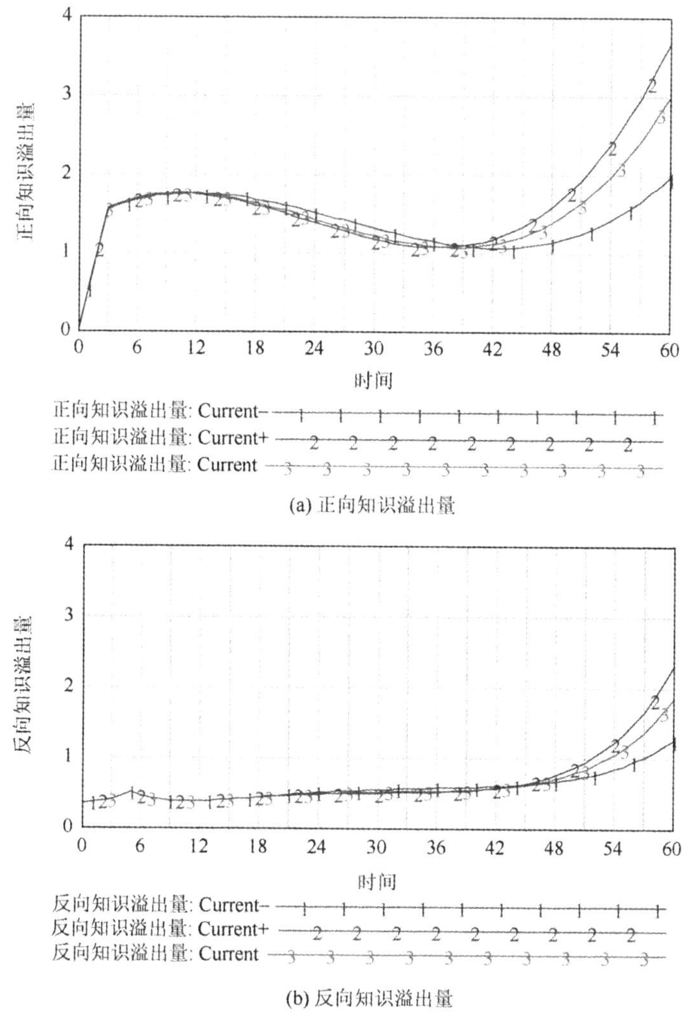

(a) 正向知识溢出量

(b) 反向知识溢出量

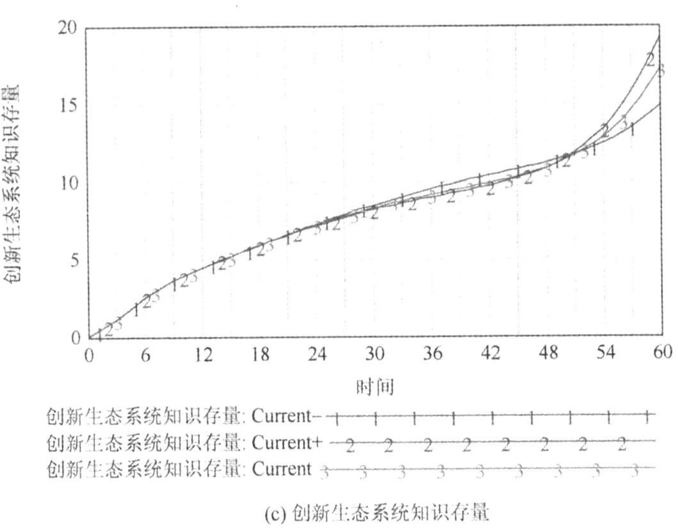

(c) 创新生态系统知识存量

图 9-5　非核心节点扶持力度灵敏度检验

由图 9-5 可以看出，提高非核心节点扶持力度的比重后，正向知识溢出量在 12～34 个单位时间阶段低于 Current，原因在于核心节点担心小微节点扶持力度的增长使自身丧失核心地位，在形势不太明确的环境下，出于自我保护需要，在这一阶段减少了正向知识溢出量。但后期随着扶持的不断深入，核心节点发现并未受到技术威胁，且在网络内不断宣传互帮互助、共同发展的情况下，从第 35 个单位时间起，核心节点再次提高正向知识溢出量，促进创新生态系统正向发展。由于非核心节点自身实力较弱，本身知识储备和技术力量不足，网络组织扶持过程中需要耗费一定的时间消化吸收，再内化为自身资源输出。反向溢出在前阶段变化不太明显，但后期取得一定成绩。因此在 42 个单位时间之后，提高非核心节点扶持力度的曲线反向知识溢出增长明显。创新生态系统知识存量的变化受正向知识溢出影响，24～45 个单位时间由于正向知识溢出的减少，系统知识存量 Current + 也低于 Current 曲线，46 个单位时间开始再次提高。

3. 调节核心节点创新支持力度

节点自主创新能力增强，知识溢出也会增加，反向知识溢出对自主创新能力具有较高的敏感度。主要由于自主创新能力增强后，核心节点技术方面更上一层楼，更加占有领先优势。非核心节点对其依附作用更加明显，争夺与其合作的机会。而非核心节点提高自主创新能力，与核心节点之间的差距不断减小，出于发展需要，核心节点对其外部的需求也就越多。为了营造融洽且利益更加密切相关的合作关系，非核心节点反向知识溢出也会呈现增长趋势。因此，无论核心节点提高自主创新能力还是非核心节点提高二次创新能力，都能使非核心节点反向知识溢出增加。无论核心节点还是非核心节点，研发的过程都需要耗费一定时间，因此前期变化并不明显。正向知识溢出在 3 个单位时间产生明显变化，非核心节点则需要再学习再加工，在第 15 个单位时间左右反向溢出才开始增多，如图 9-6 所示。

创新生态系统知识存量如图 9-6（c）所示，受创新支持力度和自主创新能力的共同影响明显比其受其他变量影响大。原因在于提高研发支持后，核心节点增强自主创新能力有助于带动整个网络的知识增长和技术优化升级，起到网络

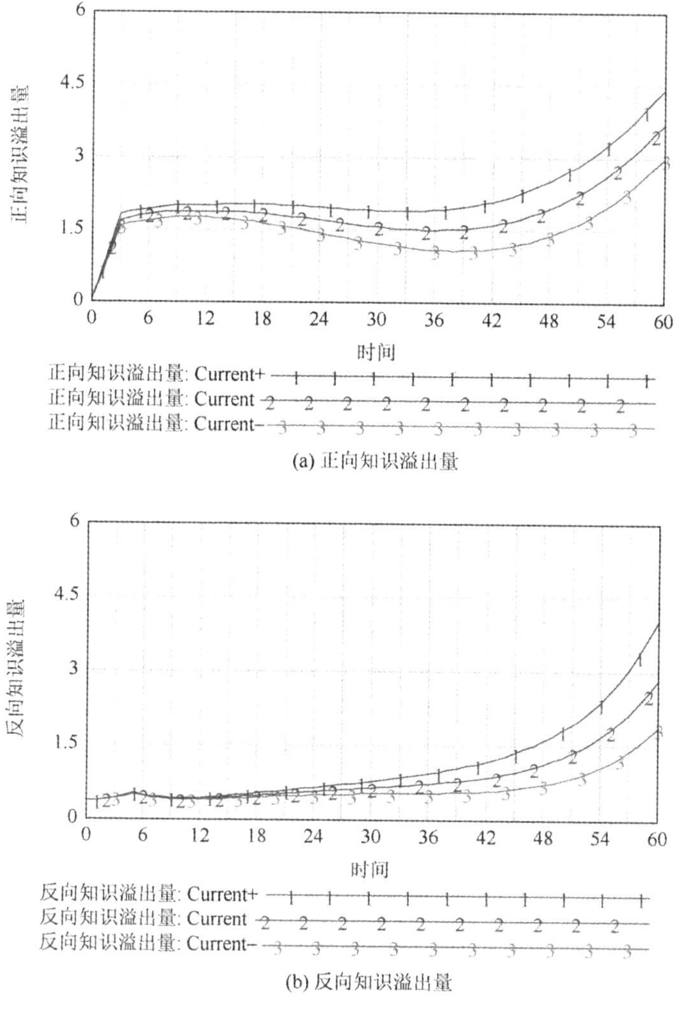

(a) 正向知识溢出量

(b) 反向知识溢出量

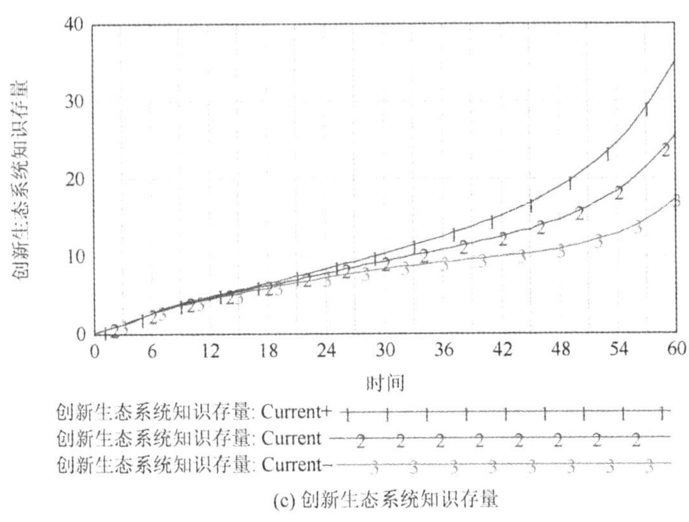

(c) 创新生态系统知识存量

图 9-6　创新支持力度灵敏度检验

内带头领先的作用，有利于增加网络生态系统知识存量。另外，能够带动非核心节点学习先进技术，在节点内部进一步优化升级，增强创新动力。非核心节点的创新也主要体现为学习借鉴核心节点正向知识溢出后的二次创新加工，有助于整个生态创新网络生态系统知识存量的增长。由于核心节点自身各方面资源的优越性和领先性，以及较多的知识储备和知识资源，其整体的自主创新能力自然优于非核心节点。因此，创新网络生态系统的知识存量增长主要依靠核心节点的自主创新。

由此可以看出，应该充分发挥核心节点的带头作用，适当增加创新研发投入，鼓励核心节点增强自主创新意愿，带动创新网络生态系统知识存量增长。同时，给予非核心节点自主创新的鼓励性政策，更多地开展贴近应用前沿的研究，能更快速地获取知识增量，带动网络发展。影响力大、创新难度大的项目应该依靠核心节点，并带动非核心节点参与到合作创新中。随着知识传播速度剧增，非核心节点已经从原来依附于核心节点的角色逐步转变为核心节点重要的合作伙伴，成为科技创新过程中不可或缺的重要信息和技术来源。

9.4　基于节点类型知识合作的建议

根据模型分析结果，可以从以下几个方面提高隐性知识流转网中的成员合作。

一是完善知识共享补偿机制。无论核心节点还是非核心节点，在知识溢出的同时都能获得相应的价值补偿。这在一定程度上有利于节点之间增强信任，提高互相交流经验的意愿，增强自主创新和学习动力。在节点自由合作的基础之上，网络管理者加强知识共享宣传引导，促进核心节点与非核心节点之间的合作。建立网络内部知识共享补偿和奖励机制，使节点在不损害自身利益的同时，增强知识共享意愿。对于积极促进网络发展的节点，可以建立名誉奖励机制，选拔网络标杆，在适当情况下给予政策奖励，帮助建立合作、竞争、追赶协同发展的良性竞争关系。

二是鼓励自主创新和分工合作。核心节点有能力更新行业领先技术，带动网络生态系统知识存量增长。核心节点在自己把控好知识共享阈值的基础之上，通过辐射作用，吸引网络内部节点集聚，带动整体水平提高。对于有难度且耗时较长但意义重大的技术突破，可以适当给予技术引进和资源扶持，帮助项目顺利开展。非核心节点虽然在知识储备和技术创新方面不及核心节点能力强，但可以通过学习借鉴核心节点的正向知识溢出，进行加工和二次知识创新创造实际价值，尽可能缩小与核心节点之间的差距，节约创新成本，更有利于自身的长久发展，带动行业整体知识技术水平提高。

三是构建互信共赢的网络环境。管理者发挥职能，促进核心节点与非核心节点建立良好、密切的联系，在市场主导的基础之上，充分发挥管理者的积极作用。节点之间为了实现利益最大化，通常会采取措施防止内部知识泄露，对于知识溢出呈现观望态度，针对这种现象，管理者应当加以引导，在保障节点核心利益不受影响的情况下，为其提供平台，创造机会促进核心节点与非核心节点增加合作，促进良性可持续性互动。尤其对于知识互补的节点，促进互相学习和技术更新，既不影响相互之间的利益，又能促进共同进步。

9.5　本 章 小 结

随着经济发展和科技创新能力的不断提高，节点之间的竞争愈发激烈，扮演的角色也更加多元化。在信息交流迅速的时代，无论核心节点还是非核心节点，仅依靠自身力量都会显得势单力薄。核心节点带领整个网络发展进步，而非核心节点由于数量众多的特点，也是网络发展的重要力量，网络对于节点类型的多样化需求，以及非核心节点的反向知识溢出能够不断产生创新价值，非核心节点的重要性越来越明显。数量众多的非核心节点想在市场中占有一席之地，就必然需要与核心节点建立合作关系，反向知识溢出在其中发挥的作用越来越明显，如何正确引导反向知识溢出也成为隐性知识流转网成员合作应该关注的方面。不同类型节点的知识溢出和知识合作对网络发展的重要性凸显，针对不同节点类型知识溢出的影响因素采取相应策略促进节点更好地协同发展，从而增加网络生态系统知识存量。

第10章　有利于成员合作的隐性知识流转网的优化策略

基于前面的研究，本章提出促进成员合作的隐性知识流转网的优化策略，分别从网络结构优化、网络环境优化和利益分配优化策略三个方面入手，提出有利于成员合作的管理策略，以提高成员合作水平和合作效率。

10.1　有利于成员合作的网络结构优化

通过优化网络结构，可提高网络内成员间知识和信息的交互、流通和共享程度。根据前面的研究，网络结构优化策略主要包括缩短路径长度、增加聚类系数，以及设置共益型结构洞等。

10.1.1　缩短路径长度

路径长度指一个成员节点经由网络到达另一个成员节点的最少步数（最短路径），即经过几个节点。网络路径长度指所有节点路径长度的平均值，路径长度对成员合作的成本和效率有很大的影响。隐性知识流转网应以路径为载体保障成员交互关系，基于任务建立网络成员间的共生关系，衡量节点失效对整个网络造成的破坏性，在连接路径上保证关键成员节点的顺畅，避免知识流转通路在某一环节断裂。网络管理者应促进成员间的互动深度、亲密度和频率，围绕创新任务和科研项目组织头脑风暴、经常性地开展小群体会议等，为成员间的联系创造机会。应充分利用各种现代通信信息技术突破物理位置和时间限制，保障资源和信息顺畅地传递和转移，提高网络中知识获取的便捷性和资源利用效率。

10.1.2　增加聚类系数

聚类系数是成员节点所有相邻节点间的联系（边数）与可能存在的联系之比，网络聚类系数是所有节点聚类系数的平均值，衡量了网络的聚集性，聚类系数对成员合作意愿有较大影响，网络密度保持适中是最有利于成员合作的。网络组织通过举行聚会、读书会等集体活动，为成员创造情感沟通机会，促进成员交往，并注重加强成员行动的协调性。同时也需注意长时间的频繁互动容易使网络内的知识趋于同质化，形成冗余，这会对创新形成阻碍。因此应保持网络中成员有一定的进出，引入新知识节点，优化网络资源，积极认识和引进新的合作成员，主动发展新的关系，并保持与老成员的关系，通过网络的流动性促使网络保持活力和创新性。

10.1.3 设置共益型结构洞

网络中某节点和有些节点发生直接联系，但与其他节点不发生直接联系，这种无直接关系或关系间断现象即为网络整体中出现的结构洞。结构洞是成员合作的障碍，应在网络中占据或设置共益型的结构洞，即节点希望或被期望发生联系，但由于成本问题或其他原因而无法发生直接联系，如建立联系能使所有主体共同受益的结构洞[158]。对网络核心层进行划分，注意关键节点成员中心地位的形成，以及核心节点对资源获取、控制和分配的能力，促进网络中处于核心地位的专家和权威领导者高度互动，通过这些节点将孤立的知识节点连接起来，带领、协调网络内节点的互动合作，通过共益型结构洞连接以合作关系为主导的利益相关者，促进整个网络的运行效率。

10.2 有利于成员合作的网络环境优化

10.2.1 搭建合作平台

可以以网络 CEO 和网络核心节点为纽带，建立稳定的知识交流共享平台和跨边界合作研究平台。首先，完善知识交流共享平台的建设，举办定期的组会、讲座、研习会，开设讨论区等，定期设议题组织成员广泛参与讨论，介绍各自取得的成果，总结和反馈经验。促进核心节点交流经验、共享知识，以点带面，建立网络知识信息的实时沟通交互机制，如电子沟通平台、飞信和微信群、电子邮件等电子信息平台。其次，建立知识累积记录制度，对重要学术会议、专家报告、成员培训活动进行录音、录像，保留视频、音频资料，以便提供给需要的成员查阅、学习和共享，形成知识经验的累积性制度。绘制网络知识地图，对成员领域、专长、成果进行记录，进行档案管理，形成便于链接和查询的系统知识库。对网络内的设备、工具和软件建立可视化的操作指南。再次，加强合作创新平台建设，以强势节点作为合作引领人，带动相关节点积极参与合作创新，尤其重视跨学科、跨组织边界的合作，横向拓宽合作领域，促进成员合作向着高层次跃进式发展。

最后，在网络层面合理规划合作的任务、伙伴，以及合作的方式方法。建立广泛的成员连接渠道，充分利用合作平台的协调功能，打破网络结构的限制。

10.2.2 建立信任机制

信任是成员对网络及其他成员的行为、承诺等所持有的期望，认为其他成员至少是互利的和不损害己方利益的。在隐性知识流转网中的成员合作中，信任是以知识集聚为基础、以知识转移和合作创新为纽带的，包括认知信任、关系信任、能力信任和契约信任四个维度的综合期望。信任能够降低合作成本，提高合作的效率和效果，促进合作的可持续性，加强成员之间的信任关系是保障隐性知识流转网成员的合作顺利进行的重要条件。

网络构建信任机制要从内部和外部建立起能够促进相互信任的产生机制。首先，在成员选择和资源优化上要提出要求，加入网络的成员应具有合作精神并善于沟通和协作，能够相互支持和信任，技术、信息、资金等资源配置上要优势互补，使成员需要交流合作，从而选择信任其他成员。其次，构建成员面对面及利用网络信息技术错时空沟通的桥梁，组织集体活动，增加交流机会，促进成员间的了解、熟悉和认同，促进成员间思想和文化上的融合，核心是加强成员间思想、情感等方面的关系信任。再次，以加强成员自身实力来产生成员间的能力信任，通过要求成员提高科研能力和学术水平的自身建设，使其他成员产生基于能力的信任倾向。最后，通过基于声誉的机会主义防范机制建立契约信任，通过成员间的协商制定知识产权保护、信息技术共享协议等，保护成员的权益，避免任何形式的冲突。

10.2.3 培育合作文化

隐性知识流转网内的合作文化是成员共有的价值观，是网络成员的行为规范和价值导向。网络文化与网络环境、网络结构及创新性任务相适应，使网络制度、结构和成员行为更加协调。文化能够缩小成员间知识水平、行为方式和价值取向间的差异，增加成员间的协同性，网络内的成员合作需要培育合作文化基础。首先，确立成员共同的目标与愿景，无论知识转移还是合作创新，一旦确立了一致的目标，成员会兑现承诺并努力去实现它，在这一过程中，成员倾向于选择合作以合力攻关。其次，构建公平、和谐的网络氛围，在资源配备、利益分配等方面体现公平感，平等互重，提高成员的归属感和创新意识。再次，控制网络规模，考虑到合作的有效性，网络的规模应适中，培育统合开放的沟通环境，成员进出自由，形成一种既松散又紧密的联结关系。最后，形成一种学习型的网络文化，为了实现共同目标，有意识地使网络内的成员都得到学习与成长的机会，在成员互助的支持下使成员知识水平不断拓展和提高。

10.2.4　构建激励机制

构建完善的奖惩激励机制，可通过规则的制定，激励成员合作，并约束成员机会主义行为。首先，建立成员合作的考核机制，根据成员合作的情况和效果确定网络内资源的分配、机会的取得，以及成果的分配。既要考核成员的自身知识水平，也要考核其贡献和分享的知识量，重点衡量成员在合作方面的贡献、知识信息流横向的广度和纵向的深度[159]。这需要建立一种记录、测量成员合作水平的制度工具，可尝试隐性知识的编码化策略和群体性参与贡献评价的机制。其次，建立以合作为基础的知识薪酬、知识股权及知识晋升机制，提供高层次培训学习机会，对成员的合作行为给予直接的外在激励。再次，提高合作行为的内在价值，让成员在合作中获得自我实现的满足感，成为成员的内在需要[160]。可以建立网络知识库，将知识文档和成员信息相链接，方便查询成员和网络知识的对应关系，使全员清楚、明晰任一成员的贡献。最后，建立惩罚机制，对消极合作和不合作行为进行惩罚，如建立信誉档案，降低对不合作成员知识资产的分配，减少其寻求帮助的机会等，将严重破坏合作的成员剔除出网络。

10.3　成员合作利益分配优化策略

网络中利益的分配要考虑到成员的合作行为，不仅要按知识网络成员的知识产出进行分配，更要体现出成员合作的贡献和价值。鼓励成员确立面向隐性知识的合作关系，彼此学习、启示，进行合作创新，参与合作的成员的利益分配要高于拒绝合作的成员，对合作所做出的贡献给予公平回报，以公平的利益分配机制保障成员建立持续的、长期的合作关系。前面的研究已指出，从网络知识存量和流量的变化来看，成员合作可以划分为两个类型，一类是具有学习和传递性质的隐性知识流转或称知识转移，另一类是具有知识创造性质的合作创新。

10.3.1　知识流转中的利益分配

成员隐性知识的共享、转移、扩散等行为对提升网络的整体知识存量、提高组织核心竞争力以及个体成员的知识水平具有巨大的贡献，因此组织应建立对此行为进行补偿的激励机制，即组织拿出一部分资源对成员的知识流转行为进行利益分配，以鼓励成员持续地参与网络内部的知识流转，贡献自身经验、技能或心智模式等隐性知识。从成员知识学习的角度考虑成员参与知识流转的贡献，以网络中合作带来的知识流量来衡量知识流转的合作强度，从节点的知识流出和流入两个方向确定单个节点的知识流量。

设 d_i 为成员 i 作为知识源节点共享的自身隐性知识量，λ_i 为成员 i 共享知识的价值系数，表示成员共享隐性知识的权威性、准确性、被认可和接受程度等，知识内容的价值能够放大知识共享行为的贡献，$\lambda_i > 1$；在考虑流入和流出双向流量的情况下，δ_{ji} 表示从成员 j 流向成员 i 的知识流量系数，即成员 i 对成员 j 共享知识的学习系数，$0 \leqslant \delta_{ji} \leqslant 1$。则成员 i 来源于自身（流出）和其他成员（流入）共享的知识流量 D_i 为

$$D_i = \lambda_i d_i + \sum_{j=1}^{n} \delta_{ji} d_j \tag{10-1}$$

各个节点流量之和为网络知识流量，网络中的总知识流量 D 为

$$D = (\lambda_1 d_1, \lambda_2 d_2, \cdots, \lambda_n d_n) \begin{bmatrix} 1+\delta_{11} & \delta_{12} & \cdots & \delta_{1n} \\ \delta_{21} & 1+\delta_{22} & \cdots & \delta_{2n} \\ \vdots & \vdots & & \vdots \\ \delta_{n1} & \delta_{n2} & \cdots & 1+\delta_{nn} \end{bmatrix} \tag{10-2}$$

成员的知识流出即为成员在知识流转中的贡献，这应从两个层面理解，一是成员的知识共享量（流入网络的知识量），二是被其他成员有效吸收、学习的知识量（流入节点的知识量），这两个层面知识量的和为节点在知识流转中的贡献，根据式（10-2）的行向量可以计算出成员 i 的知识流转贡献 Z_i：

$$Z_i = \lambda_i d_i \left(1 + \sum_{j=1}^{n} \delta_{ij}\right) \tag{10-3}$$

在知识流转性质的成员合作中，成员的贡献主要体现在分享知识和有效知识学习两个方面，成员既要对组织共享自己的知识，又要让其他成员有效地消化和吸收。成员在网络知识流转中按贡献的利益分配比例为 Z_i'，网络组织对知识流转整体的激励额度为 G^{KF}，则按成员对网络知识流转的实际贡献对成员合作进行激励的额度 G_i^{KF} 为

$$G_i^{\mathrm{KF}} = Z_i' G^{\mathrm{KF}} = \frac{Z_i}{\sum_{i=1}^{n} Z_i} G^{\mathrm{KF}} \tag{10-4}$$

10.3.2 合作创新中的利益分配

利益分配机制在隐性知识流转网成员合作中是个重要问题，如果成员对利益分配感受到不公平、不满意，就可能会选择消极合作或直接退出合作。对于合作

创新，合理的利益分配应是按成员合作创新过程中的知识贡献行为和体现出的重要程度来确定分配方案的。Shapley 值法适用于解决这样的问题，该数学方法被用于处理多人合作对策问题，其思想主要是根据成员给创新产出带来的增值比例分配产出利益，依据成员在合作中的贡献值进行分配，在处理基于合作创新的利益分配方面具有优越性[161, 162]。

1. 考虑成员合作贡献的利益分配

当隐性知识流转网中多位成员参与知识创新活动时，由于知识的互补性、差异性等原因，成员组合的每一种合作形式（包括独立完成）取得的创新收益通常是不同的，隐性知识流转网是个整体大于局部之和的系统，合作人数的增加不会引起产出的减少，成员之间进行最大范围的合作时，合作收益也是最大的。

设集合 $N=\{1,2,\cdots,n\}$ 表示网络中的全体成员，M 是 N 的子集，表示网络内任一参与合作的成员组合模式，其对应着一个实值函数 $v(M)$，表示成员组合 M 的合作创新收益，并满足条件 $v(\varnothing)=0$，$v(m_1\cup m_2)\geqslant v(m_1)+v(m_2)$，$m_1\cap m_2=\varnothing$，$m_1,m_2\in M$。

设 $\varphi_i(v)$ 表示成员 i 在知识合作中得到的报酬，$v(i)$ 表示成员 i 独自进行知识活动时获得的收益，$\Phi(v)=\{\varphi_1(v),\varphi_2(v),\cdots,\varphi_n(v)\}$ 表示一个合作的利益分配方案，成功的合作满足条件 $\sum_{i=1}^{n}\varphi_i(v)=v(N)$，$\varphi_i(v)\geqslant v(i)$。

运用 Shapley 值法确定合作创新中任一成员 i 的利益分配为

$$\begin{cases}\varphi_i(v)=\sum\limits_{m\in m(i)} w(|m|)-[v(m)-v(m\setminus i)], & i=1,2,\cdots,n\\ w(|m|)=\dfrac{(n-|m|)!}{n!}\end{cases} \tag{10-5}$$

式中，$m(i)$ 为集合 N 中包含合作成员 i 的所有子集；$|m|$ 为子集 m 中的元素个数；n 为成员总数；$w(|m|)$ 为加权因子；$v(m)$ 为子集 m 的创新收益；$v(m\setminus i)$ 为子集 m 中去除成员 i 后可取得的创新收益（即 i 不参与合作的情况）。

2. 考虑到成员合作的其他重要因素

在从成员对合作的价值贡献角度考虑分配方案的基础上，对合作的利益分配还应考虑到成员的知识水平、资源投入、努力程度、风险承担等几个方面的因素。

1）成员知识水平

根据知识生产函数的思想，在知识创造的过程中，知识是一种投入要素，成员的知识存量水平越高，创新产出越高，成员在合作中的地位也越重要。成员的知识运用能力越强，在研发、管理以及互动中的效率也会越高。因此应对成员的知识水平给予补偿，鼓励、吸引高水平的成员深度地参与合作、引领合作。

网络内成员知识水平向量为$K=(k_1,k_2,\cdots,k_n)$，所有参与合作成员的平均知识水平为$\bar{k}=\left(\sum_{i=1}^{n}k_i\right)/n$，成员$i$与平均知识水平的差值为$\Delta k_i=k_i-\bar{k}$，成员知识水平的补偿值为$\Delta\varphi_i^k=\Delta k_i\times v(N)$。

2）成员资源投入

成员在合作过程中时间、精力及资源的投入是成员付出的合作成本，成员的资源投入是合作创新产出的要素之一，合作占用的时间、精力、资源成本是成员对于合作的直接付出，因此其应是考虑分配的重要因素，应对各个成员不同成本投入给予补偿。

网络内成员资源投入向量为$I=(I_1,I_2,\cdots,I_n)$，所有参与合作成员的平均资源投入为$\bar{I}=\left(\sum_{i=1}^{n}I_i\right)/n$，成员$i$与平均资源投入的差值为$\Delta I_i=I_i-\bar{I}$，成员资源投入的补偿值为$\Delta\varphi_i^I=\Delta I_i\times v(N)$。

3）成员努力程度

成员努力程度对合作效果有较大的影响，成员努力程度是由成员合作意愿决定的，表现在成员对合作的态度、倾向和重视程度上，即成员合作行为是否是积极、主动的，对合作是接受的、排斥的还是能动的，付出了多大的努力。应当对努力的成员给予公平的回报和利益分配。

网络内成员努力程度向量为$S=(s_1,s_2,\cdots,s_n)$，$\sum_{i=1}^{n}s_i=1$，成员i与平均努力程度的差值为$\Delta s_i=s_i-1/n$，成员努力程度的补偿值为$\Delta\varphi_i^s=\Delta s_i\times v(N)$。

4）成员风险承担

成员在合作创新中面临着许多风险，如在合作过程中由于隐性知识的共享导致自身知识被其他成员掌握而丧失竞争优势和组织地位的风险，以及创新失败面临的资源投入损失等。隐性知识合作的风险是天然存在的，为了避免成员因风险问题而放弃合作、消极合作，保证合作关系的相对稳定性，应适当增加承担风险大的成员在利益分配中的比重。

网络内成员风险承担向量为$R=(r_1,r_2,\cdots,r_n)$，$\sum_{i=1}^{n}r_i=1$，成员i与平均风险承担的差值为$\Delta r_i=r_i-1/n$，成员风险承担的补偿值为$\Delta\varphi_i^r=\Delta r_i\times v(N)$。

5）综合考虑各方面因素

隐性知识流转网成员合作创新的利益分配是多目标优化问题，受多个因素制约，影响成员合作的因素都应该参与利益分配，通过专家确定知识水平、资源投入、努力程度和风险承担对合作贡献的权重向量为 $w=(w_k,w_I,w_s,w_r)$，$\sum w=1$。综合各方面因素，网络成员 i 参与合作获得的利益分配为

$$\varphi_i^*(v)=\varphi_i(v)+w_k\Delta\varphi_i^k+w_I\varphi_i^I+w_s\Delta\varphi_i^s+w_r\Delta\varphi_i^r \tag{10-6}$$

例如，以知识产出当量进行计算，以经济报酬进行分配，则 $\varphi_i^*(v)$ 可转换为分配比例，G^{KI} 为网络型组织对合作创新的报酬分配总额，各成员分配额度为 $G_i^{\mathrm{KI}}=\varphi_i^*(v)\times G^{\mathrm{KI}}$。

10.3.3　案例分析

具有隐性知识流转网性质的软件开发团队 T 于 2019 年开发一套基于安卓系统的手机应用软件，项目创新产出实现经济价值 200 万元，研发是具有知识互补性质的四人团队紧密有效地协同合作成功的，为了对合作行为给予补偿，并进一步促进团队下一阶段的成员合作，拟出资 120 万元经费对团队 4 位成员 A、B、C、D 进行奖励。按奖励总额的 70%（84 万）和 30%（36 万）分别对合作创新行为和知识流转行为进行分配。

1. 对合作创新的利益分配

假设成员全部合作的创新产出当量为 100，由团队成员和专家根据实际情况和合作经验确定不同成员合作组合可以取得的创新收益。以 1 表示该成员参与合作，0 表示不参与合作，确定的合作组合收益向量为 Π：

$$\Pi=\begin{bmatrix} A & 1 & 1 & 1 & 1 & 1 & 1 & 1 & 1 & 0 & 0 & 0 & 0 & 0 & 0 & 0 \\ B & 1 & 0 & 1 & 0 & 0 & 1 & 1 & 0 & 1 & 1 & 1 & 1 & 0 & 0 & 0 \\ C & 1 & 0 & 0 & 1 & 0 & 1 & 0 & 1 & 0 & 1 & 0 & 1 & 1 & 1 & 0 \\ D & 1 & 0 & 0 & 0 & 1 & 0 & 1 & 1 & 0 & 0 & 1 & 1 & 0 & 1 & 1 \\ v & 100 & 21 & 51 & 45 & 41 & 85 & 82 & 72 & 23 & 45 & 39 & 80 & 19 & 32 & 12 \end{bmatrix}$$

运用 MATLAB 7.0 编制程序实现 Shapley 值计算（程序略），得出成员 A、B、C、D 基于贡献的合作创新收益分配比例（百分比）为 $\varphi(v)=(26.67,29,23.5,20.83)$。

综合考虑成员的知识水平、资源投入、努力程度和承担风险情况，由团队成员和专家根据实际情况和合作经验确定的成员知识水平向量为 $K=(30,35,20,15)$，成员资源投入向量为 $I=(26,21,15,18)$，成员努力程度向量为 $S=(0.22,0.35,0.17,0.26)$、成员风险承担向量为 $R=(0.33,0.27,0.25,0.15)$，各要素权重向量为 $w=(0.32,0.23,0.26,0.19)$，根据式（10-6）计算综合考虑各方面因素的成员合作创新利益分配比例（百分比）为

$$\varphi_A^*(v) = 26.67 + 100 \times (0.32 \times 0.05 + 0.23 \times 0.08 - 0.26 \times 0.03 + 0.19 \times 0.08) = 30.85$$

$$\varphi_B^*(v) = 29 + 100 \times (0.32 \times 0.1 + 0.23 \times 0.01 + 0.26 \times 0.1 + 0.19 \times 0.02) = 35.41$$

$$\varphi_C^*(v) = 23.5 + 100 \times (-0.32 \times 0.05 - 0.23 \times 0.06 - 0.26 \times 0.08 + 0.19 \times 0) = 18.44$$

$$\varphi_D^*(v) = 20.83 + 100 \times (-0.32 \times 0.1 - 0.23 \times 0.03 + 0.26 \times 0.01 - 0.19 \times 0.1) = 15.3$$

按奖励总额的 70%计算成员合作创新的分配额度（万元）分别为

$$G_A^{\mathrm{KI}} = 84 \times 30.85\% \approx 25.91；\ G_B^{\mathrm{KI}} = 84 \times 35.41\% \approx 29.74$$

$$G_C^{\mathrm{KI}} = 84 \times 18.44\% \approx 15.49；\ G_D^{\mathrm{KI}} = 84 \times 15.3\% \approx 12.85$$

2. 对知识流转的利益分配

对成员知识流转贡献进行计量，由团队成员和专家根据实际情况和合作经验确定的成员共享知识量向量为 $d = (25,20,18,14)$，知识内容价值向量为 $\lambda = (1.7, 2.1,1.4,1.6)$，成员间的知识流量系数矩阵 $\varDelta$ 为

$$\varDelta = \begin{bmatrix} A & 0.21 & 0.13 & 0.43 & 0.34 \\ B & 0.25 & 0.22 & 0.39 & 0.41 \\ C & 0.35 & 0.41 & 0.18 & 0.32 \\ D & 0.27 & 0.19 & 0.26 & 0.17 \end{bmatrix}$$

根据式（10-3）计算各成员知识流转贡献为

$$Z_A = 1.7 \times 25 \times (0.21 + 0.13 + 0.43 + 0.34) \approx 47.18$$

$$Z_B = 2.1 \times 20 \times (0.25 + 0.22 + 0.39 + 0.41) = 53.34$$

$$Z_C = 1.4 \times 18 \times (0.35 + 0.41 + 0.18 + 0.32) \approx 31.75$$

$$Z_D = 1.6 \times 14 \times (0.27 + 0.19 + 0.26 + 0.17) \approx 19.94$$

按奖励总额的 30%对知识流转行为进行分配，根据式（10-4）计算按成员对网络知识流转实际贡献的分配额度（万元）为

$$G_A^{\mathrm{KF}} = 36 \times 47.18 / 152.2 \approx 11.16；\ G_B^{\mathrm{KF}} = 36 \times 53.34 / 152.2 \approx 12.62$$

$$G_C^{\mathrm{KF}} = 36 \times 31.75 / 152.2 \approx 7.51；\ G_D^{\mathrm{KF}} = 36 \times 19.94 / 152.2 \approx 4.71$$

3. 成员利益分配总额

结合成员知识流转和合作创新两部分收益，成员总体收益为 $G_i = G_i^{\mathrm{KI}} + G_i^{\mathrm{KF}}$，成员 A 共获得收益 37.07 万元，成员 B 共获得收益 42.36 万元，成员 C 共获得收益 23 万元，成员 D 共获得收益 17.56 万元。分配方案很好地体现了成员基于合作的贡献，并综合考虑了各方面因素，得到了广泛认可，为成员持续性的隐性知识合作打好了基础。

10.4　本 章 小 结

本章分别从网络结构优化、网络环境优化和利益分配优化策略三个方面入手，提出了促进成员合作的隐性知识流转网的优化策略。网络结构优化策略主要包括缩短路径长度、增加聚类系数，以及设置共益型结构洞等方面。网络环境优化策略包括搭建合作平台、建立信任机制、培育合作文化、构建激励机制等方面。利益分配问题对网络中持续、有效的成员合作至关重要，根据行为属性将成员合作分为知识流转和合作创新两个方面，基于成员贡献，并综合考虑各方面因素，构建成员合作的利益分配机制。本章成员合作的优化策略有利于提高成员合作水平和合作效率。

结　论

知识组织由于科研项目攻关、解决生产问题、破解知识难题等知识需求而需要成员间的知识合作，同时成员相互联系、相互协同而构建的网络型组织也存在着合作。在隐性知识合作的需求形成的隐性知识流转网中，成员合作更为突出。

本书对隐性知识流转网的成员合作问题展开研究，得到的结论和创新之处主要表现在以下几方面。

（1）分析了影响成员合作意愿的深层次因素，构建了理论模型。运用扎根理论发现合作收益（内驱性因素）、合作成本（调节性因素）、合作风险（情境性因素）和合作环境（支撑性因素）四个主范畴对成员合作意愿存在显著影响，并探讨了理论模型及成员合作意愿的动力机制、调节机制、阻碍机制及保障机制等作用机制。

（2）以成员合作的视角研究网络有效性，探讨了网络规模、网络聚类、网络度分布、中心性和结构洞等网络结构特征的内涵，讨论了网络结构特征对成员合作的影响和作用。

（3）确定了成员合作行为的选择策略。运用金融工程中的方法，将策略选择视为一种投资，将创新的风险引入决策考虑的因素中，利用收益和风险的衡量综合考虑行为策略。成员为了提高知识存量，将时间、精力、经费等要素合理分配在知识转移、合作创新、自主学习和自主创新等行为上。节点在几种行为中进行选择和分配以获取最大的知识增量。

（4）揭示了隐性知识流转过程中知识融合和知识损失的机理。基于隐性知识学习和合作创新两个隐性知识流转网的核心功能，对合作过程中的知识融合和知识损失两个现象展开研究。以耗散结构理论为分析工具，将跨学科科研团队的知识融合分为科学知识整合和认知思维融合两个维度，分析了跨学科科研团队的知识整合机理。将网络内成员看作具有完整知识体系的知识种群，通过对合作过程中成员隐性知识体系间的互动、传承和演化的种群生态分析，对错时空合作过程的知识损失进行描述和刻画，得出成员错时空隐性知识合作的知识损失与成员间的知识共振性和媒介还原性呈负相关关系，与成员自身知识的情境依赖性呈正相关关系，并提出了减少知识损失的对策建议。

（5）构建了隐性知识流转网成员错时空合作行为的演化博弈模型。研究表明：在错时空情境下，成员合作的行为策略与合作创新收益、知识共享水平、媒介还原性等因素有关，网络平台的激励机制和声誉机制可以有效引导成员行为。

（6）探讨了隐性知识流转网中成员合作的周期性过程，构建了合作周期的划分与判定模型。系统地讨论了成员合作的周期性过程，分析了成员合作周期的规律。将成员合作的持续过程划分为五个阶段，在连贯的体系中提炼出成员合作的类型，总结了不同阶段所表现出来的共性，分析了成员合作各阶段的特征，以实施主体、外部条件及行为成效三个维度提取了合作特征因素。基于贴近度的分类分析法提出了成员合作阶段的判定方法，对成员合作各阶段提出了对策建议。

（7）将节点类型按知识存量和节点地位分为核心节点和非核心节点，分析了不同类型节点在知识溢出机制方面的差异。通过构建系统动力学模型分析节点知识溢出的影响因素，从影响因素角度讨论有助于正向和反向知识溢出的方法，促进隐性知识流转网内部知识进一步发展融合，为促进节点之间形成更加融洽的合作关系提供理论支撑。

（8）提出了有利于成员合作的隐性知识流转网优化策略。分别从网络结构优化、网络环境优化和利益分配优化策略三个方面入手，提出了促进成员合作的隐性知识流转网的优化策略。网络结构优化策略主要包括缩短路径长度、增加聚类系数，以及设置共益型结构洞等方面。网络环境优化策略包括搭建合作平台、建立信任机制、培育合作文化、构建激励机制等方面。利益分配问题对网络中持续、有效的成员合作至关重要，根据行为属性将成员合作分为知识流转和合作创新两个方面，基于成员贡献，并综合考虑各方面因素，构建成员合作的利益分配机制。

本书研究将有利于探索获得高层次、高效率的成员合作的途径，有利于提高跨学科科研团队、产业创新联盟、创新研究群体、虚拟科技创新团队、协同创新体系等具有知识网络性质组织的成员合作层次和水平，促进组织的知识共享和协作创新，为提高网络组织的核心竞争力提供理论依据和参考。

参考文献

[1] 宋振晖. 知识网络理论与实现[J]. 现代管理科学，2007（5）：90-92.

[2] Davenport T H，Prusak L. Working Knowledge：How Organizations Manage What They Know[M]. Boston：Harvard Business School Press，1998：27-106.

[3] Polanyi M. Personal Knowledge：Towards a Post-Critical Philosophy [M].London：Routledge & Kegan Paul，1958：36-42.

[4] Nonaka I，Takeuchi H. The knowledge-Creating Company：How Japanese Companies Create the Dynamics of Innovation [M]. New York：Oxford University Press，1995：65-129.

[5] Nonaka I，Toyama R，Konno N. SECI，Ba and leadership：A unified model of dynamic knowledge creation [J]. Long Range Planning，2000，33（1）：5-34.

[6] Collins H. The structure of knowledge [J]. Social Research，1993，60（1）：95-116.

[7] Kogut B，Zander U. Knowledge of the firm and the evolutionary theory of the multinational corporation [J]. Journal of International Business Studies，1993，24（4）：625-645.

[8] Allee V. The Future of Knowledge：Increasing Prosperity Through Value Networks [M]. London：Butterworth-Heinemann，1997.

[9] Teece D. Technology transfer by multinational firms：The resource cost of transferring technological know-how[J]. The Economic Journal，1977（87）：242-261.

[10] Szulanski G. Exploring internal stickiness：Impediments to the transfer of best practice within the firm[J]. Strategic Management Journal（Special Issue），1996（17）：27-44.

[11] Boisot M H. Is your firm a creative destroyer competitive learning and knowledge flows in the technological strategies of firm[J]. Research Policy，1995（24）：489-506.

[12] Hai Z. A knowledge flow model for peer-to-peer team knowledge sharing and management[J]. Expert Systems with Applications，2002（23）：23-30.

[13] 李姝兰. 知识网络与哈耶克的知识观[J]. 农业图书情报学刊，2005（1）：87-88.

[14] 单伟，张庆普，刘臣. 企业内部隐性知识流转网络探析[J]. 科学学研究，2009，27（2）：255-261.

[15] 布克威茨 W，威廉斯 R. 知识管理[M]. 杨南该，译. 北京：中国人民大学出版社，2005.

[16] Fischer C S. Networks and Places：Social Relations in the Urban Setting[M]. New York：The Free Press，1977.

[17] Hansen M T. The search-transfer problem：The role of weak ties in sharing knowledge across organization subunits[J]. Administrative Science Quarterly，1999，44：82-111.

[18] 马费成，王晓光. 知识转移的社会网络模型研究[J]. 江西社会科学，2006（7）：38-44.

[19] Nonaka I，Umemoto K，Senoo D. From information processing to knowledge creation：A paradigm shift in business management [J].Technology in Society，1996，18（2）：203-218.

[20] 张庆普，李志超.企业隐性知识流动与转化研究[J]. 中国软科学，2003（1）：88-92.

[21] Hedlund G.A model of knowledge management and the N-form corporation [J]. Strategic Management Journal，1994，15（S）：73-90.

[22] Burt R S. Structural holes [M]. Cambridge：Harvard University Press，1992.

[23] Granovetter M S. The strength of weak ties[J]. American Journal of Sociology，1973，78：1360-1380.

[24] 王智生，胡珑瑛，李慧颖. 合作创新网络中信任与知识分享的协同演化模型[J]. 哈尔滨工程大学学报，2012，33（9）：1-5.

[25] Szulanski G. The process of knowledge transfer：A diachronic analysis of stickiness[J]. Organizational Behavior and Human Decision Processes，2000，82（1）：9-27.

[26] Bettenhausen K，Murnighan J K. The emergence of norms in competitive decision-making groups[J]. Administrative Science Quarterly，1985，30（30）：350-372.

[27] 邹波，张庆普，孙锐. 基于个体行为与网络结构互动的知识团队成员吸收能力研究[J]. 研究与发展管理，2011，23（4）：19-28.

[28] 南旭光. 知识获取性视角下隐性知识的转化和流动[J]. 科学学与科学技术管理，2010（3）：107-112.

[29] 曹征，孙虹. 组织隐性知识传递合作竞争关系研究[J]. 统计与决策，2011（11）：54-56.

[30] 王磊，张庆普，张斌南. 基于合作博弈视角的高校科研团队成员间的利益分配研究[J]. 图书情报工作，2011，55（16）：63-67.

[31] 万君，顾新. 知识网络合作效率影响因素探析[J]. 科技进步与对策，2009，26（22）：164-167.

[32] 万君，顾新. 知识网络合作效率影响因素的实证研究[J]. 科技与经济，2011，24（5）：70-74.

[33] 卢福财，胡平波. 基于竞争与合作关系的网络组织成员间知识溢出效应分析[J]. 中国工业经济，2007（9）：79-86.

[34] 张乐，钟琪，李政. 组织间隐性知识流转网络的实证研究[J]. 中国科学技术大学学报，2011，41（9）：804-811.

[35] 王晓红，张宝生. 虚拟科技创新团队内部知识流动能力影响因素研究[J]. 技术经济与管理研究，2010（3）：36-39.

[36] 刘洪伟，和金生，马丽丽. 知识发酵——知识管理的仿生学理论初探[J]. 科学学研究，2003，21（5）：514-518.

[37] Strauss A，Corbin J. Grounded Theory Methodology-An Overview[M]. London：SAGE Publications，1994.

[38] 贾旭东，谭新辉.经典扎根理论及其精神对中国管理研究的现实价值[J]. 管理学报，2010，7（5）：656-665.

[39] Atkinson P，Coffey A，Delamont S. Key Themes in Qualitative Research：Continuities and Changes [M]. New York：Rowan and Littlefield，2003.

[40] Charmaz K. 建构扎根理论：质性研究实践指南[M]. 边国英，译. 重庆：重庆大学出版社，2009.

[41] 卢新元，袁园，王伟军. 基于博弈论的组织内部隐性知识转移与共享激励机制分析[J]. 情报杂志，2009，28（7）：102-105.

[42] 王秀红，孙凤媛，周九常. 员工隐性知识转移动力模型研究[J]. 科技进步与对策，2008，25（3）：161-165.

[43] 林昭文，张同健，蒲勇健. 基于互惠动机的个体间隐性知识转移研究[J]. 科研管理，2008，29（4）：28-33.

[44] 张大为，汪克夷，李俏. 企业个人隐性知识转移激励机制研究[J]. 情报理论与实践，2010，33（3）：26-28.

[45] 祁红梅，黄瑞华. 影响知识转移绩效的组织情境因素及动机机制实证研究[J]. 研究与发展管理，2008，20（2）：58-63.

[46] 张晓燕，李元旭. 论内在激励对隐性知识转移的优势作用[J]. 研究与发展管理，2007，19（1）：28-33.

[47] 周军杰，李新功，李超. 不同合作创新模式与隐性知识转移的关系研究[J]. 科学学研究，2009，27（12）：1914-1919.

[48] 朱卫未，于娱，施琴芬. 隐性知识转移势差效应机理研究及主体需要层次分析[J]. 科技进步与对策，2011，28（3）：122-125.

[49] Parkhe A. Strategic alliance structuring：A game theoretic and transaction cost examination of interfirm cooperation[J]. Academy of Management Journal，1993，8（4）：794-829.

[50] 翁莉，仲伟俊，鲁芳. 供应链知识共享的决策行为及影响因素研究[J]. 管理学报，2009，6（12）：1648-1652.

[51] 张朝孝，蒲勇健. 团队合作与激励结构的关系及博弈模型研究[J]. 管理工程学报，2004，18（4）：12-16.

[52] 孙锐，赵大丽. 动态联盟知识共享的演化博弈分析[J]. 运筹与管理，2009，18（1）：92-96，114.

[53] 吴绍波，顾新. 知识链组织之间合作与冲突的稳定性结构研究[J]. 南开管理评论，2009，12（3）：54-58.

[54] 田肇云，葛新权. 动态联盟知识共享与合作的决策分析[J]. 工业技术经济，2007，26（4）：104-105.

[55] Anh P，Baughn C C，Hang N，et al. Knowledge acquisition from foreign parents in international joint ventures：An empirical study in Vietnam[J]. International Business Review，2006，15：463-487.

[56] Cavusgil S T，Calantone R J，Zhao Y. Tacit knowledge transfer and firm innovation capability[J]. The Journal of Business & Industrial Marketing，2003，18（1）：6-21.

[57] 林啸宇. 科学群落的梯度结构及其生产函数[J]. 科学学研究，2003（1）：17-22.

[58] Griliehes Z. Issues in assessing the contribution of research and development to productivity growth[J]. Bell Journal of Economics，1979（10）：92-116.

[59] Griliches Z. Productivity R&D，and basic research at the firm level in the 1970s[J].American Economics Review，1986，（76）：141-154.

[60] Romer P M. Increasing returns and long-run growth[J]. Journal of Political Economy，1986，94（5）：1002-1037.

[61] Heshmati A. A generalized knowledge production function[J]. The ICFAI University Journal of Industrial Economics，2009，6：7-39.

[62] Ngai L R，Samaniego R M. Accounting for research and productivity growth across industries[J]. Review of Economic Dynamics，2011（14）：475-495.
[63] 袁志刚. 论知识的生产和消费[J]. 经济研究，1999（6）：59-65.
[64] 江积海，于耀淇. 基于知识增长的知识网络中知识生产函数研究[J]. 情报杂志，2011，30（5）：114-118.
[65] Markowitz H. Portfolio selection[J]. The Journal of Finance，1952，7（1）：77-91.
[66] 王晓红，金子祺，姜华. 跨学科团队的知识创新及其演化特征——基于创新单元和创新个体的双重视角[J]. 科学学研究，2013（5）：732-741.
[67] 邓靖松，刘小平. 虚拟团队的兴起与理论研究[J]. 软科学，2005（5）：4-7.
[68] 贾凤亭. 技术系统演化的复杂性分析[J]. 系统辩证学学报，2006，14（1）：63-66.
[69] Townsend A M，De Marie S M，Hendrickson A R. Virtual teams：Technology and the workplace of the future [J]. Academy of Management Executive，1998，12（3）：17-29.
[70] 王娟茹，赵嵩正. 虚拟团队知识转移机理研究[J]. 情报杂志，2007（5）：104-108.
[71] Jeremy S L，Mahesh S R. An empirical study of best practices in virtual teams[J]. Information & Management，2001，38：523-544.
[72] 张成考，聂茂林，吴价宝，等. 虚拟团队的知识创新与互动性研究[J]. 软科学，2004（5）：75-78.
[73] 李夏楠，倪旭东. 基于团队知识异质性结构的知识整合研究[J]. 科技进步与对策，2012，29（17）：132-137.
[74] 任皓，邓三鸿. 知识管理的重要步骤——知识整合[J]. 情报科学，2002，20（6）：650-653.
[75] 湛垦华，沈小峰. 普利高津与耗散结构理论[M]. 西安：陕西科学技术出版社，1998.
[76] Kauffman S A. The Origins of Order：Self-organization and Selection in Evolution[M]. New York：Oxford University Press，1993.
[77] Prigogine I，Nlcolis G. Self-organisation in Nonequilibrium Systems[M]. New York：Wiley-Interscience，1977.
[78] Nonaka I. A dynamic theory of organization knowledge creation[J]. Organization Science，1994，5（1）：14-39.
[79] 柳洲，陈士俊，王洁. 论跨学科创新团队的异质性知识耦合[J]. 科学学与科学技术管理，2008，29（6）：188-191.
[80] Whyte G，Classen S. Using storytelling to elicit tacit knowledge from SMEs[J]. Journal of Knowledge Management，2012，16（6）：950-962.
[81] Joia L A，Lemos B. Relevant factors for tacit knowledge transfer within organizations[J]. Journal of Knowledge Management，2010，14（3）：410-427.
[82] Nonaka I，Krogh G V. Tacit knowledge and knowledge conversion：Controversy and advancement in organizational knowledge creation theory[J]. Organization Science，2009，20（3）：635-652.
[83] Najafi T Z，Giroud A. Mediating effects in reverse knowledge transfer process：The case of knowledge intensive services in U.K.[J]. Management International Review，2012，52（3）：461-488.
[84] Miller K，Pentland B，Choi S. Dynamics of performing and remembering organizational

routines[J]. Journal of Management Studies，2012，49（8）：1536-1558.

[85] 秦亚欧，李思琪. 虚拟现实技术在隐性知识转化中的应用[J]. 情报科学，2011，29（12）：1777-1780.

[86] Kobayashi Y，Yamamure N. Evolution of seed dormancy due to sib competition：Effect of dispersal and inbreeding[J]. Journal of Theoretical Biology，2000，202（1）：11-24.

[87] 徐绪松. 复杂科学管理[M]. 北京：科学出版社，2010.

[88] 张保仓，任浩. 虚拟组织持续创新：内涵、本质与机理[J]. 科技进步与对策，2017，34（2）：1-8.

[89] 郑作龙，张庆普. 隐性知识超社会化共享路径与机理研究——知识属性挖掘与共享案例及事例分析[J]. 科学学与科学技术管理，2014，35（11）：48-56.

[90] 王战平，何文瑾，谭春辉. 基于质性分析的虚拟学术社区中科研人员合作动机演化研究[J]. 情报科学，2020，38（3）：17-22.

[91] 万君，全力，顾新. 基于合作博弈的知识网络协同创新合作机制研究[J]. 情报科学，2015，33（10）：32-35.

[92] 李芮萌，杨乃定，张延禄，等. 基于知识互补性的复杂产品 R&D 网络形成模型构建与仿真[J]. 科技管理研究，2019，39（22）：155-162.

[93] 翟丹妮，韩晶怡. 基于网络演化博弈的产学研知识协同研究[J]. 统计与信息论坛，2019，34（2）：64-70.

[94] 李纲，巴志超. 科研合作超网络下的知识扩散演化模型研究[J]. 情报学报，2017，36（3）：274-284.

[95] 张保仓. 虚拟组织网络规模、网络结构对合作创新绩效的作用机制——知识资源获取的中介效应[J]. 科技进步与对策，2020，37（5）：27-36.

[96] 邓灵斌. 虚拟学术社区中科研人员知识共享意愿的影响因素实证研究——基于信任的视角[J]. 图书馆杂志，2019，38（9）：63-69.

[97] 谭春辉，王仪雯，曾奕棠. 虚拟学术社区科研团队合作行为的三方动态博弈[J]. 图书馆论坛，2020，40（2）：1-9.

[98] 孙冰，刘晨，田胜男. 社会网络视角下联盟成员合作关系对技术标准形成的影响[J]. 科技进步与对策，2021，38（4）：21-27.

[99] 陈暮紫，秦玉莹，李楠. 跨区域知识流动和创新合作网络动态演化分析[J]. 科学学研究，2019，37（12）：2252-2264.

[100] Coyle-Shapiro J A，Conway N. Exchange relationships：Examining psychological contracts and perceived organizational support[J]. Journal of Applied Psychology，2005，90（4）：774-781.

[101] Galateanu A E，Avasilcai S. Symbiosis process in business ecosystem[J]. Advanced Materials Research，2014，1036：1066-1071.

[102] 逯万辉. 知识网络演化分析及其应用研究进展[J]. 情报理论与实践，2019，42（8）：138-143.

[103] Sameer B S，Mahzarin R B. Culture，cognition，and collaborative networks in organizations[J]. American Sociological Review，2011（3）：207-233.

[104] 欧忠辉，朱祖平，夏敏，等. 创新生态系统共生演化模型及仿真研究[J]. 科研管理，2017，38（12）：49-57.

[105] 刘平峰，张旺. 创新生态系统共生演化机制研究[J]. 中国科技论坛，2020（2）：17-27.

[106] 江瑶，高长春，陈旭. 创意产业空间集聚形成：知识溢出与互利共生[J]. 科研管理，2020，41（3）：119-129.

[107] 李洪波，史欢. 基于扩展 Logistic 模型的创业生态系统共生演化研究[J]. 统计与决策，2019，35（21）：40-45.

[108] 韩峰，杨东，李玉，等. 产业共生网络演化研究进展[J]. 中国环境管理，2019，11（6）：113-120.

[109] 江露薇，冯艳飞. 长江经济带城市间装备制造业的共生模式研究[J]. 财会月刊，2019（24）：128-133.

[110] Cohen B. Sustainable valley entrepreneurial ecosystems[J]. Business Strategy and the Environment，2006，15（1）：1-14.

[111] 王庆金，田善武. 区域创新系统共生演化路径及机制研究[J]. 财经问题研究，2016（12）：108-113.

[112] Adner R，Kapoor R. Value creation in innovation ecosystems：How the structure of technological interdependence affects firm performance in new technology generations[J]. Strategic Management Journal，2010，31（3）：306-333.

[113] 郝斌，任浩. 企业间关系结构及其共生演化研究[J]. 外国经济与管理，2009，31（11）：29-37.

[114] 赵秋叶，施晓清，石磊. 国内外产业共生网络研究比较述评[J]. 生态学报，2016，36（22）：7288-7301.

[115] 周浩. 企业集群的共生翻及稳定性分析[J]. 系统工程，2003，21（4）：32-37.

[116] Singh N P，Stout B D. Knowledge flow，innovative capabilities and business success：Performance of the relationship between small world networks to promote innovation[J]. International Journal of Innovation Management，2018，22（2）：1-35.

[117] 蓝庆新，韩晶. 网络组织成员合作的稳定性模型分析[J]. 财经问题研究，2006（6）：49-53.

[118] 易余胤. 高校科研团队成员合作博弈研究[J]. 暨南学报（哲学社会科学版），2009（11）：138-141.

[119] 蔡德章，王要武. 基于成员合作的组织有效性建模分析[J]. 四川大学学报（哲学社会科学版），2007（9）：115-119.

[120] Marks M A，Mathieu J E，Zaccaro S J. A temporally based framework and taxonomy of team processes[J]. Academy of Management Review，2001，26：356-376.

[121] Adizes I. Organizational passages：Diagnosing and treating life cycle problems in organizations[J]. Organizational Dynamics，1979，22（3）：3-24.

[122] Miller D，Friesen P H. A longitudinal study of the corporate life cycle[J]. Management Science，1984（30）：1161-1183.

[123] Padgett J F，Ansell C K. Robust action and the rise of the Medici，1400-1434[J]. American Journal of Sociology，1993，98（6）：1259-1319.

[124] Coleman J S. Foundations of Social Theory[M]. Cambridge：Harvard University Press，1990.

[125] Uzzi B. Social structure and competition in interfirm networks：The paradox of embeddedness[J]. Administrative Science Quarterly，1997，42：35-67.

[126] 何智敏，陈怀超，侯佳雯. 关系强度对联盟企业知识治理的影响研究——联盟能力和知识

吸收能力的双中介作用[J]. 科技管理研究，2021，41（11）：148-155.

[127] 王要武，蔡德章. 心理契约对组织成员合作的影响[J]. 哈尔滨工业大学学报（社会科学版），2007（3）：89-92.

[128] Moores K，Yuen S. Management accounting systems and organizational configuration：A life-cycle perspective[J]. Accounting Organizations and Society，2001，26（4-5）：351-389.

[129] 华中生，梁樑. 基于模糊贴近度的多目标分类算法[J]. 运筹与管理，1994，3（3-4）：19-24.

[130] 李本海. 贴近度分析法在等级划分中的应用[J]. 系统工程理论与实践，1990（5）：43-48.

[131] 赵晓东，赵静一. 模糊思维与广义设计[M]. 北京：机械工业出版社，1998.

[132] 徐晓燕，张斌. 基于模糊贴近度的企业生命周期判定方法[J]. 系统工程与电子技术，2004，26（10）：1406-1409.

[133] La Rocca A，Perna A，Snehota I，et al. The role of supplier relationships in the development of new business ventures [J]. Industrial Marketing Management，2019，80：149-159.

[134] 倪嘉成，李华晶，林汉川. 人力资本、知识转移绩效与创业企业成长——基于互联网情景的跨案例研究[J]. 研究与发展管理，2018，30（1）：47-59.

[135] Hedvall K，Jagstedt S，Dubois A. Solutions in business networks：Implications of an interorganizational perspective [J]. Journal of Business Research，2019，104：411-421.

[136] Tolstoy D. The proactive initiation of SMEs' foreign business relationships [J]. European Management Review，2019，16（4）：1159-1173.

[137] Haglund L，Kovala T，Lindh C. Managing complexity though business relationships：The case of the Swedish electricity market [J]. International Journal of Management and Decision Making，2019，18（2）；209-227.

[138] Schenkel M T，Farmer S，Maslyn J M. Process improvement in SMEs：The impact of harmonious passion for entrepreneurship，employee creative self-efficacy，and time spent innovating [J]. Journal of Small Business Strategy，2019，29（1）：71-84.

[139] Drobyazko S，Hryhoruk I，Pavlova H，et al. Entrepreneurship innovation model for telecommunications enterprises [J]. Journal of Entrepreneurship Education，2019，22（2）：1-6.

[140] Song Y，Elsner W，Zhang Z，et al. Collaborative innovation and policy support：The emergence of trilateral networks [J]. Applied Economics，2019（12）：3651-3668.

[141] 樊霞，贾建林，孟洋仪. 创新生态系统研究领域发展与演化分析[J]. 管理学报，2018，15（1）：151-158.

[142] 范洁. 创新生态系统案例对比及转型升级路径[J]. 技术经济与管理研究，2017（1）：32-37.

[143] Fukuda K，Watanabe C. Japanese and US perspectives on the National Innovation Ecosystem[J]. Technology in Society，2008，30（1）：49-63.

[144] Zahra S A，Nambisan S. Entrepreneurship and strategic thinking in business ecosystems [J]. Business Horizons，2012，55（3）：219-229.

[145] Kusi-Sarpong S，Gupta H，Sarkis J. A supply chain sustainability innovation framework and evaluation methodology [J]. International Journal of Production Research，2019，57（7）：1990-2008.

[146] Vapnik V，Izmailov R. Knowledge transfer in SVM and neural networks [J]. Annals of Mathematics and Artificial Intelligence，2017，81（2）：3-19.

[147] Kijek A，Kijek T. Knowledge spillovers：An evidence from the european regions [J]. Journal of Open Innovation：Technology，Market，and Complexity，2019，5（3）：68-71.

[148] 徐二明，陈茵. 中国企业吸收能力对竞争优势的影响[J]. 管理科学，2009，22（2）：14-23.

[149] 舞健. 知识溢出对高技术企业集群企业创新能力的影响研究——以杭州软件企业集群为例[J]. 科技管理研究，2009，29（9）：343-345.

[150] 陈静，李从东. 基于知识溢出的企业集群持续竞争优势的内在机理[J]. 现代管理科学，2009（5）：62-64.

[151] 崔志，于渤，崔崑. 企业知识吸收能力影响因素的实证研究[J]. 哈尔滨工业大学学报（社会科学版），2008，10（1）：127-132.

[152] 刘明霞，王学军. 中国对外直接投资的逆向技术溢出效应研究[J]. 世界经济研究，2009（9）：57-62.

[153] 宋艳，邵云飞. 企业创新绩效影响因素的动态研究[J]. 软科学，2009，23（9）：88-92.

[154] 邹艳，张雪花. 企业智力资本与技术创新关系的实证研究[J]. 软科学，2009，23（3）：71-75.

[155] 赵勇，白永秀. 知识溢出测度方法研究综述[J]. 统计与决策，2009，284：132-135.

[156] 张宏，赵佳颖. 对外直接投资逆向技术溢出效应研究评述[J]. 经济学动态，2008（2）：120-125.

[157] 佟勃然. 反向知识溢出的双重追赶机制研究[J]. 科学决策，2021，6（3）：44-69.

[158] 盛亚，范栋梁. 结构洞分类理论及其在创新网络中的应用[J]. 科学学研究，2009，27（9）：1407-1411.

[159] 常涛，廖建桥. 促进团队知识共享的激励机制有效性研究[J]. 科学管理研究，2008，26（3）：74-78.

[160] 李默，刘伟. 组织内部知识共享的激励机制设计[J]. 科技进步与对策，2010，27（4）：131-134.

[161] 戴建华，薛恒新. 基于 Shapley 值法的动态联盟伙伴企业利益分配策略[J]. 中国管理科学，2004（4）：33-36.

[162] 马士华，王鹏. 基于 Shapley 值法的供应链合作伙伴间收益分配机制[J]. 工业工程与管理，2006（4）：43-45.